全国中等职业技术学校电子类专业教材

传感器技术与应用

人力资源社会保障部教材办公室组织编写

中国劳动社会保障出版社

简介

本书主要内容包括传感器概述、温度传感器、湿度传感器、力敏传感器、磁敏传感器、光敏传感器、气敏传感器、接近开关传感器以及现代传感器的应用。

本书由屈安山主编，徐雯雯、秦婧文、卢运、宋玉庆、郝国勇、许志坚参加编写；刘宁主审。其中，第一章、第二章、第七章和第八章由屈安山编写，第三章由徐雯雯编写，第四章由秦婧文编写，第五章由卢运编写，第六章由宋玉庆编写，第九章由郝国勇、许志坚编写。

图书在版编目（CIP）数据

传感器技术与应用/人力资源社会保障部教材办公室组织编写. —北京：中国劳动社会保障出版社，2017

全国中等职业技术学校电子类专业教材

ISBN 978-7-5167-3188-8

Ⅰ.①传… Ⅱ.①人… Ⅲ.①传感器-中等专业学校-教材 Ⅳ.①TP212

中国版本图书馆 CIP 数据核字(2017)第 209278 号

中国劳动社会保障出版社出版发行

（北京市惠新东街 1 号　邮政编码：100029）

*

北京市艺辉印刷有限公司印刷装订　新华书店经销

787 毫米×1092 毫米　16 开本　10.75 印张　217 千字

2017 年 8 月第 1 版　2022 年12月第 9 次印刷

定价：21.00 元

营销中心电话：400-606-6496

出版社网址：http://www.class.com.cn

http://jg.class.com.cn

前　言

为了更好地适应全国中等职业技术学校电子类专业的教学要求，全面提升教学质量，人力资源社会保障部教材办公室组织有关学校的骨干教师和行业、企业专家，对全国中等职业技术学校电子类专业教材进行了修订和补充开发。此项工作以人力资源社会保障部颁布的《技工院校电子类通用专业课教学大纲（2016）》《技工院校电子技术应用专业教学计划和教学大纲（2016）》《技工院校音像电子设备应用与维修专业教学计划和教学大纲（2016）》《技工院校通信终端设备制造与维修专业教学计划和教学大纲（2016）》为依据，充分调研了企业生产和学校教学情况，广泛听取了教师对现行教材使用情况的反馈意见，吸收和借鉴了各地职业技术院校教学改革的成功经验。

教材体系

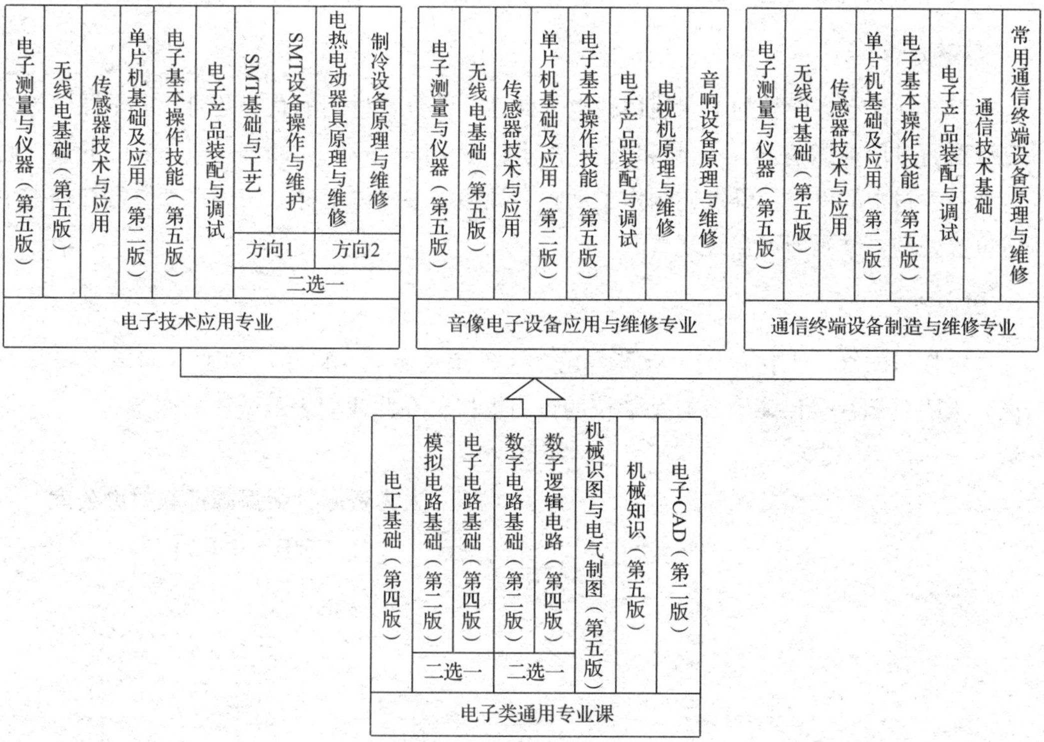

使用对象

电子技术应用专业、音像电子设备应用与维修专业、通信终端设备制造与维修专业中级、高级两个层次和以下 3 种学制：

- 初中毕业生 3 年学制培养中级工
- 高中毕业生 3 年学制培养高级工（中级阶段）
- 初中毕业生 5 年学制培养高级工（中级阶段）

编写特色

◆ **紧贴国家职业标准** 紧密贴合《中华人民共和国职业分类大典（2015 年版）》中对广电和通信设备电子装接工、广电和通信设备调试工、家用电器产品维修工、家用电子产品维修工等职业的职业能力要求，同时参照相关国家职业标准。

◆ **体现行业技术发展** 根据电子行业的最新发展，在教材中充实了电子产品表面贴装、数字电视维修、智能手机维修等方面的新技术，体现教材的先进性。

◆ **注重职业能力培养** 根据就业岗位对技能型人才所需能力的要求，进一步加强实践性教学内容。同时，在教材中突出对学生获取信息、与人交流、分析解决问题以及自学等职业能力的培养。

◆ **符合学生阅读习惯** 在教材内容的呈现形式上，尽可能使用图片、实物照片和表格等形式将知识点生动地展示出来，力求让学生更直观地理解和掌握所学内容。

教学服务

本套教材配有方便教师上课使用的电子课件，部分教材还配有习题册，电子课件等教学资源可通过职业教育教学资源和数字学习中心（http://zyjy.class.com.cn）下载。此外，针对教材中的重点、难点还制作了动画、视频等多媒体素材，使用移动终端扫描书中相应位置处的二维码即可在线观看。

致谢

本次教材的修订工作得到了江苏、山东、河南、湖北、广东、广西、四川等省（自治区）人力资源社会保障厅及有关学校的大力支持，在此我们表示诚挚的谢意。

人力资源社会保障部教材办公室

2017 年 6 月

目　录

第一章　传感器概述

现代生产与生活中，传感器几乎无处不在。

人类认知周围的世界靠的是身体的生物体器官。例如，当人们看东西时，物体的影像经过瞳孔和晶状体落到视网膜上，视网膜上的视神经细胞在受到光刺激后，将光信号转变成生物电信号，通过神经系统传递给大脑进行处理后，在脑海里就形成了一幅幅视觉图像，这就是人类通过自身的感觉器官认识外面事物的方式之一。但是，人类的这种感知能力是有限的。这跟人类的进化息息相关，所谓“用进废退”！如我们的眼睛，对红外光和紫外光就没有反应；耳朵也不能听到超声波和次声波。人类要更好地认识世界，就要借助外界能力来协助，因此，传感器就诞生了。

进入电气化时代之后，各种用途的传感器将人类对外界信息的感知能力和需求进行了极大的扩展与延伸。

如冰箱，为什么可以自动地开和停，完全不用人的干预就能按照设定的温度可靠运行呢？主要靠的就是检测温度的传感器。冰箱运行时由温度传感器感受到温度变化后，根据设定值的要求输出一个确定的数据状态，再通过冰箱的电气控制系统根据数据状态发出控制指令，就可以自动地控制压缩机电动机的启动和停止。当然，用于控制信号的采集只是传感器诸多应用的一个方面。只要传感器能有效地感知到被测物理量，根据不同的用途进行不同的处理，就可以有更广泛的应用。例如，数码相机就是由图像传感器感受光信号，然后根据光信号的强弱转换成相应的数字量信号，再由数据处理系统处理后按照确定的数据属性和地址加载到显示屏上。

因此，传感器作为信息采集工具，在当今信息时代的重要性不言而喻，传感器技术也就成为现代信息技术的支柱之一，是自动测控系统可靠工作的重要保证。随着科学技术的发展，现代工业生产自动化、智能化、信息化要求的提高，以及人类对安全环保、智能家居、舒适生活环境的追求，各领域对传感器的依赖性越来越大，传感器技术的研发和应用已经成为国内外重点发展的高技术领域，传感器技术也成为新技术革命的关键因素。掌握和应用传感器原理及技术，也就成为电子及电气控制技术领域从业人员必须具备的基本技能与素养。

§1—1　传感器的基础知识

学习目标

1. 掌握传感器的定义。
2. 熟悉传感器的基本组成。

一、传感器的定义

在现阶段，所谓的自动化控制都是指电气自动化，因为电信号的测量与处理最为迅速和便捷。在自动控制的自动检测系统中，需要用传感器把自然界的物质信息，包括各种物理量、化学量和生物量形态的信息，转换为电信号，通过信号调理装置输出给电气控制系统、显示器、记录仪等便于人们识别和阅读的设备。传感器是构成自动检测与自动控制系统的首要的、决定性的组成部分，能否选择合适的传感器决定着能否构建合理的自动检测与自动控制系统，传感器获取信息的准确程度关系到整个自动检测与自动控制系统能否准确完成相关功能。传感器对现代化科学技术、现代化农业以及工业自动化的发展起着基础和支柱作用，已被世界各国列为关键技术之一。可以说，没有传感器就没有现代化科学技术，没有传感器也就没有人类现代化的生活。传感器技术已经成为科学技术和国民经济发展水平的标志之一。

根据中华人民共和国国家标准（GB/T 7665—2005）的定义："传感器（transducer/sensor）是能感受被测量并按照一定的规律转换成可用输出信号的器件或装置，通常由敏感元件和转换元件组成。"

传感器的定义包含了以下几方面的含义：

（1）传感器是一种测量装置，能完成检测任务。

（2）它的输入量是某种被测量，有可能是物理量，也可能是化学量、生物量等。

（3）它的输出量是某种物理量，这种量可以是气、光、电量，但主要是电量。

（4）输入与输出有对应关系，且应有一定的精确度。

二、传感器的组成

传感器的组成示意图如图 1—1—1 所示。

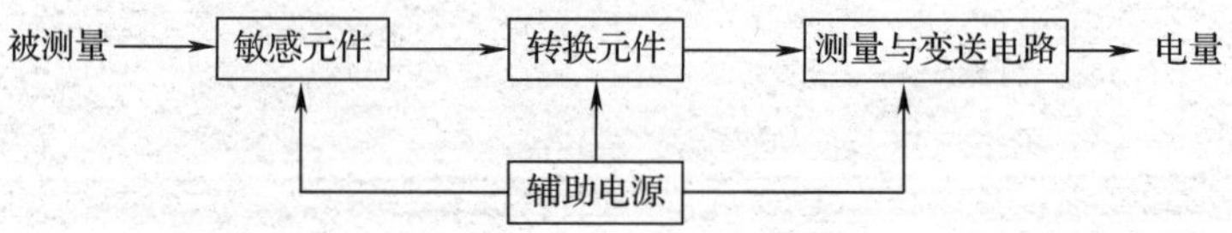

图 1—1—1　传感器的组成示意图

1．敏感元件

敏感元件是直接感受被测物理量，并且输出与被测量成确定关系的某一种物理量的元件。如在热敏电阻传感器中敏感元件为热敏电阻，它直接感受温度的变化并引起自身电阻值的变化。

2．转换元件

转换元件是将感受到的非电量直接转换成电量的元件，一般不直接感受被测量。例如，应变电阻传感器中的应变电阻就是转换元件，它与弹性应变体紧密结合在一起，在弹性应变体受力变形时，将其弹性变形转换为自身电阻值的变化，而这里的弹性应变体则属于敏感元件。

3．测量与变送电路

测量与变送电路是将传感元件输出的电信号转换为便于显示、控制和处理的有用电信号的电路，使用较多的是电桥电路、线性放大电路以及数字处理单元，有的还包括显示器，可直接在传感器上显示出所测量的物理量。处理后的电信号可以是模拟量，也可以是数字量或者某种计算机通讯模式下的数据信息。

4．辅助电源

辅助电源是为传感元件和测量电路提供的工作电源。

从传感器的应用角度看，在大多数的实际应用中使用的都是成品传感器，这时，只需要关注传感器的外特性，即测量的物理量的连接与获取以及变换输出的电参量就可以了，不必考虑传感器的内部结构与电路，这样就可以使传感器的应用变得简单明了、重点突出。因此，传感器应用时的组成示意图可用图 1—1—2 表示。

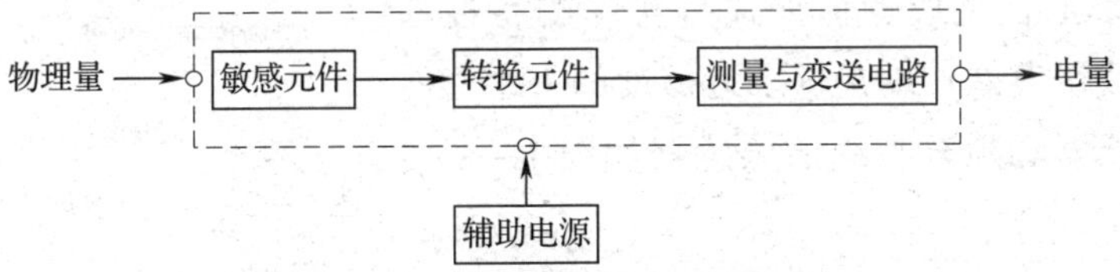

图 1—1—2　传感器应用时的组成示意图

这样，大多数情况下，传感器的使用就变成了传感器的选择，现场敏感元件的固定、安装与接线，电源连接以及输出量的连接。

§1—2　传感器的主要性能指标

学习目标

1．掌握传感器的静、动态特性。

2．熟悉测量误差及其分类。

在传感器的每个应用领域，都要求其能感受被测非电量的变化，然后将这种变化变换成能真实表达非电量变化的电参量，通常把传感器的这种能力称为传感器的基本特性，即输入—输出特性。传感器的基本特性通常还可以分为静态特性和动态特性。

一、传感器的静态特性

静态特性是指输入的被测量不随时间变化，或随时间变化缓慢时，传感器的输出量与输入量的关系，主要有灵敏度、线性度、分辨率、迟滞性、重复性、稳定性与漂移等。

1. 灵敏度

灵敏度是指传感器在稳定工作状态下输出量的变化 Δy 与输入量的变化 Δx 的比值，它是输入—输出特性曲线的斜率，即

$$K = dy/dx$$

如果传感器的输出量和输入量的关系为线性关系，则灵敏度 K 是一个常数，即特性曲线的斜率为定值，否则，它将随输入量的变化而变化。

通过提高灵敏度，可以得到较高的测量精度，但灵敏度越高，测量范围越窄，稳定性也往往越差。灵敏度与测量范围示意图如图 1—2—1 所示。

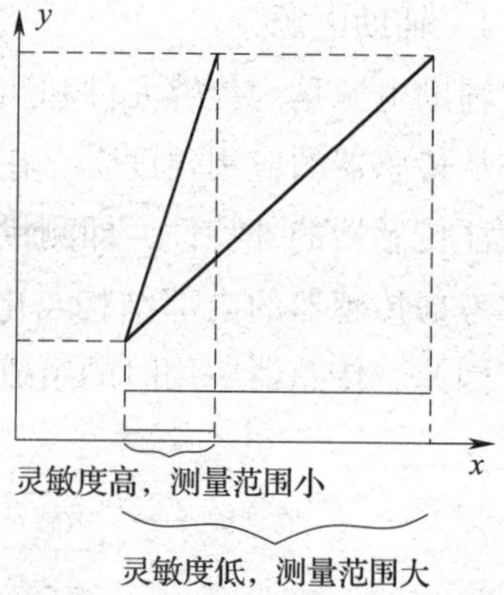

图 1—2—1　灵敏度与测量范围示意图

2. 线性度

通常情况下，传感器的实际静态特性输出是一条曲线而非直线。在实际测量中，为使仪表具有均匀的刻度，常用一条拟合直线近似地代替实际的特性曲线，线性度（线性误差）就是这个近似度的一个性能指标。线性传感器和拟合直线的传感器如图 1—2—2 所示。

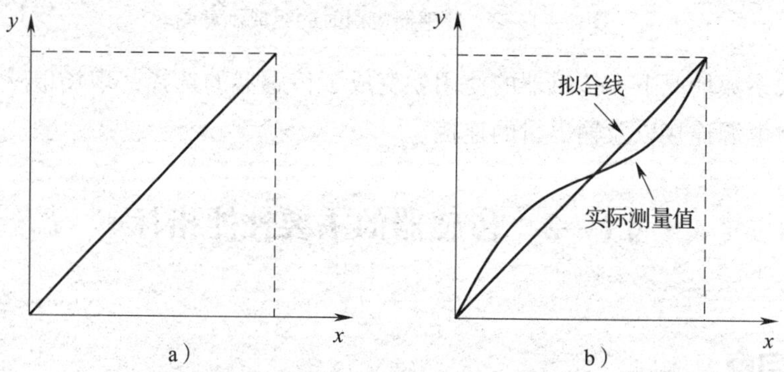

图 1—2—2　线性传感器和拟合直线的传感器

a）线性传感器　b）拟合直线的传感器

3．分辨率

分辨率是指传感器可以感受到被测量的最小变化的能力。如果输入量有了一个非零值的缓慢变化，而且超过一定数值时，传感器的输出不发生变化，则说明传感器对此输入量不能分辨。

4．迟滞性

传感器在正向（输入量增大）、反向（输入量减小）行程中输入—输出曲线不重合的程度称为迟滞性，如图 1—2—3 所示。迟滞现象说明对应于同一大小的输入信号，传感器输出信号的大小不相等，没有唯一性。造成迟滞现象的原因是，传感器的机械部分和结构、材料方面存在不可避免的弱点，如轴承摩擦、间隙、紧固件的松动等，一般也是制造问题。

传感器的迟滞误差大小为

$$E_{\max} = \frac{\Delta\max}{y_{\mathrm{m}}} \times 100\%$$

式中　Δmax——正向曲线与反向曲线之间的最大差值；

y_{m}——传感器的量程。

5．重复性

传感器的重复性是指传感器在输入量按同一测量方向上全量程多次测试时，所得到的测量数据或绘制的曲线不一致的程度，如图 1—2—4 所示。

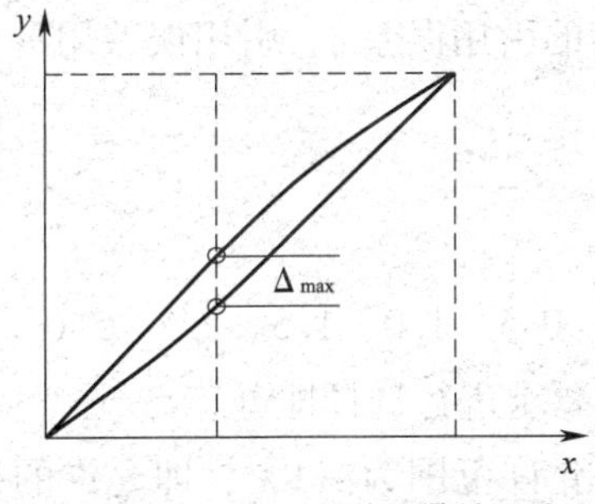

图 1—2—3　传感器的迟滞性示意图

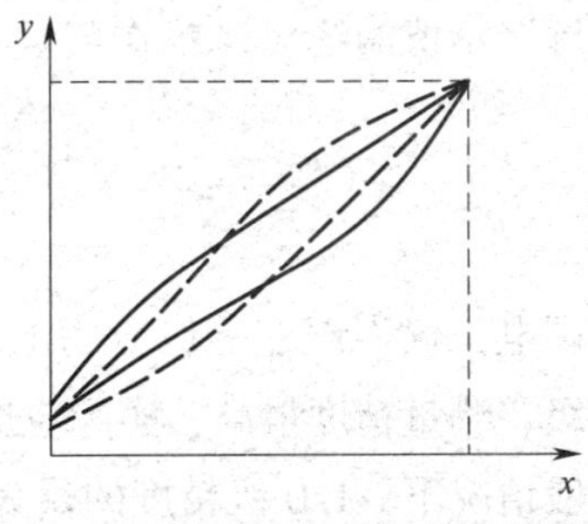

图 1—2—4　传感器的重复性偏差示意图

重复性好的传感器误差也小，重复性误差的产生与迟滞性误差的产生有相同的原因。

6．稳定性与漂移

传感器的稳定性有长期和短期之分，一般指一段时间以后，传感器的输出和初始标定时的输出之间的差值，通常用不稳定度来表征其输出稳定的程度。传感器的漂移是指传感器在外界干扰下输出量出现与输入量无关的变化。漂移有很多种，如温度漂移就是指环境温度变化而引起的传感器输出的零点或示值的变化。

从应用的角度讲，传感器静态特性的提高和保证措施基本不用考虑，是厂家制造的问题，课程中不予以涉及，只需了解这些指标并根据测量需要选择恰当的参数即可。

二、传感器的动态特性

传感器在测量随时间变化的输入量时其输入—输出关系称为动态特性。动态特性反映的是传感器跟踪迅速变化的信号的响应能力。当信号变化过于迅速时，传感器有可能不能做出及时的响应。当输入量随时间变化时，如果传感器能立即不失真地产生响应，即传感器的输出量随时间变化的规律与输入量随时间变化的规律一致，具有与输入量相同的时间函数，这种传感器就是具有理想动态特性的传感器。例如，测量压力的传感器，当压力突然增加时，由于测压的敏感元件其变形效应存在滞后，所以压力表的示值会有一点时间的滞后才能达到稳定的准确值，如图 1—2—5 所示。

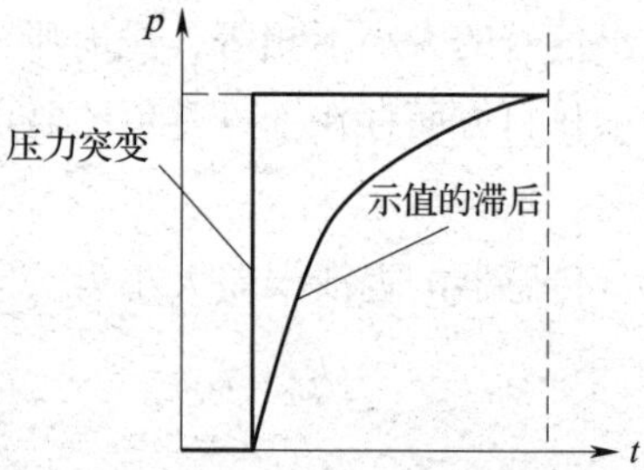

图 1—2—5　测量响应滞后示意图

传感器的动态特性涉及具体传感器复杂的数学模型和电路结构，也是需要传感器的厂家在生产时根据不同的需求进行控制的一个重要指标，作为应用，使用者根据需要做出恰当的选择即可。

三、传感器的测量误差及其分类

任何测量都是有误差的，只要误差在允许的范围之内就是合格的，传感器的误差表达参数为传感器的精度。

传感器示值的绝对误差 Δ 与量程 L 之比称为示值的引用误差 q，引用误差用百分比数表示为

$$q = \frac{\Delta}{L} \times 100\%$$

我国电工仪表误差等级分为七级，即 0.1、0.2、0.5、1.0、1.5、2.5、5.0，0.1 级为最高级，测量精度最高，实际应用时根据测量精度要求进行选择即可。

一般情况下，1.0 级精度的仪表，其表示的误差允许范围为 ±1%，即允许的误差变化范围为 −1% ~ +1%。

第二章　温度传感器

温度的测量与控制一直都是电气自动化控制的一项重要任务，在工业现场与家庭生活中存在着许多温度控制的要求，而准确的温度控制又决定着某种控制任务能否成功。例如，家用电饼铛在使用过程中，对其加热控制要求就很高，既要保证食物被烙熟，又要保证食物不被烙糊，在其中用于测量温度的元件就是热敏电阻。

§2—1　温度的基本概念

学习目标

掌握温度及温标的基本概念。

一、温度

从宏观性质讲，温度表示了物体的冷热程度，物体温度的高低确定了热量传递的方向；从微观性质讲，温度表示了物体内部分子运动的剧烈程度。

二、温标

为了进行温度的测量，需建立温度的标尺，即温标。它规定了温度读数的起点（零点）以及温度的单位。国际上规定的温标有：摄氏温标、华氏温标、热力学温标。

1. 摄氏温标

摄氏温标把在标准大气压下冰的熔点定为零摄氏度（0℃），把水的沸点定为100摄氏度（100℃），在这两个温度点间划分100等份，每一等份为1摄氏度。国际摄氏温标的符号为t，温度单位符号为℃。

2. 华氏温标

规定一定浓度的盐水凝固时的温度为0℉，把纯水凝固时的温度定为32℉，把标准大气压下水沸腾的温度定为212℉（℉为华氏温度单位）。若用t_F表示华氏温度，则华氏温标与摄氏温标的关系式为

$$t_F = t \times 1.8 + 32$$

3. 热力学温标（物理学中的绝对温度）

热力学温标为国际单位制的基本温标，符号为T，单位为开尔文（K）。热力学温标

以水的固、液、气三态平衡共存时的温度为基本定点，并规定其温度为273.15 K。热力学温标与摄氏温标的关系为

$$T = t + 273.15$$

§2—2 热敏电阻传感器

学习目标

1. 掌握热敏电阻的结构、原理、特点及分类。
2. 熟悉热敏电阻传感器的基本参数。
3. 能根据实际应用场合正确选用热敏电阻。

一、热敏电阻的结构、原理、特点及分类

1. 热敏电阻的结构和原理

热敏电阻是由金属氧化物采用粉末冶金的工艺制成的一种合金体（用锰、镍、钴、铁、铜等粉料按一定配方压制成型后，经1 000～1 500℃高温烧结而成，通过改变合金的配比可以制成不同温度范围、阻值及温度系数的热敏电阻），其引出线一般采用银线。热敏电阻的阻值在室温（25℃）时可从几百欧变化到几兆欧，其测量的温度范围为－200～＋1 000℃，利用这种电阻随温度变化呈显著变化的特性制成的一种敏感元件称为热敏电阻传感器。热敏电阻有管状、片状、点状、杆状等封装形式，在电路中的文字符号为 R_T，其实物和图形符号如图2—2—1所示。

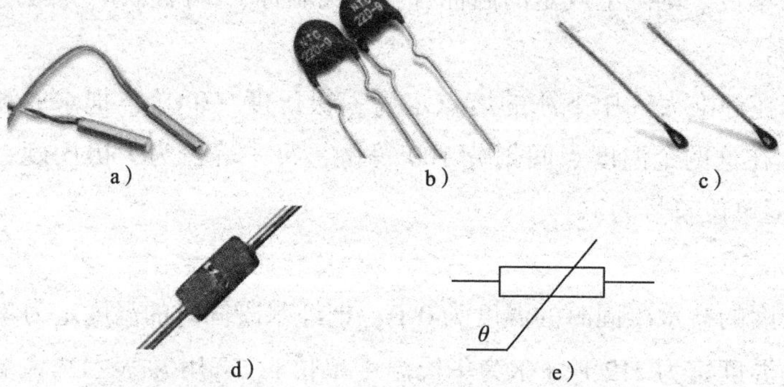

图2—2—1 各种热敏电阻传感器及其符号

a）管状 b）片状 c）点状 d）杆状 e）图形符号

2. 热敏电阻的特点

（1）电阻温度系数大，灵敏度高，可测量微小的温度变化（0.002～0.005℃）。

(2) 结构简单，体积小，直径可以做到小于0.5 mm，可以测量点温度。

(3) 电阻率高，热惯性小，响应速度快，响应时间可以短到毫秒级，适宜动态测量。

(4) 易于维护和进行远距离控制。因为元件本身的电阻值可达3～700 kΩ，当远距离测量时，导线电阻的影响可以不予考虑。

(5) 热敏电阻的缺点是互换性差，电阻—温度曲线为非线性。

3. 热敏电阻的分类

按热敏电阻的温度特性分为三类：

(1) 电阻值随温度升高而升高的，称为正温度系数（PTC）热敏电阻。

(2) 电阻值随温度升高而降低的，称为负温度系数（NTC）热敏电阻。

(3) 具有正或者负温度系数特性，但在某一温度范围电阻值发生巨大变化的，称为突变型温度系数（CTR）热敏电阻。

这三类热敏电阻的温度特性曲线如图2—2—2所示。

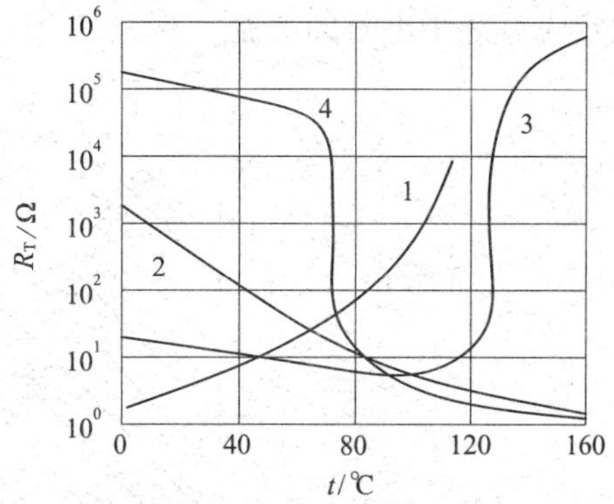

图2—2—2　热敏电阻的温度特性曲线

1—PTC热敏电阻；2—NTC热敏电阻；3—正温度系数CTR；4—负温度系数CTR

二、热敏电阻传感器的基本参数

1. 测量温度范围

不同的合金和工艺形成的热敏电阻会有不同的测量范围，应用中根据测量要求恰当选择测量温度的范围。常温器件适用于−55～315℃，高温器件最高可承受1 000℃，低温器件适用于−273～55℃。其中，−55～315℃是热敏电阻最适合的工作温度范围。

2. 热敏电阻的标称电阻值

热敏电阻的标称电阻值是指25℃零功率时的电阻值。即常温时，没有通电的情况下热敏电阻的阻值，其阻值变化范围可以从几欧到几十兆欧。在同一系列的热敏电阻中，其标称值的范围为1 Ω到几十欧，或从几欧到10 kΩ，可供在不同的控制任务中选择。如HW68−1/6W型热敏电阻，其阻值可以在55.4 Ω～10 kΩ选择。

3. 额定功率

额定功率是指热敏电阻在常温、常压条件下，长期连续运行所允许的耗散功率。其中，用于过电流保护的正温度系数（PTC）热敏电阻通常可以有较大的功率，一般串联在被测电路中，根据不同的用途可以通过一定的电流值，其电流值可以达几百毫安，功率可以达几十瓦；用于测量温度的热敏电阻其工作电流值则一般限制在毫安的量级，这主要是为了不使它产生自发热现象，从而可保证在测量温度范围内具有线性的伏安特性曲线。热敏电阻的伏安特性十分重要，如图2—2—3所示，开始时电流与电压呈较好的线性关系，此时在电阻上消耗的功率小，所以不会发生自发热现象，这时，热敏电阻的冷态电阻完全由环境温度决定。但是随着电流的增加，电阻产生热量并导致自身发热，阻值下降，其两端的电压也就不再遵循线性规律，即在一个区域内，电流增大和电阻发热导致的阻值下降相互抵消后，电压基本保持不变，直到电阻的下降幅值超过相应电流的增大幅值时，电压便开始减小。因此，应根据热敏电阻的允许功率来确定流过热敏电阻的电流。

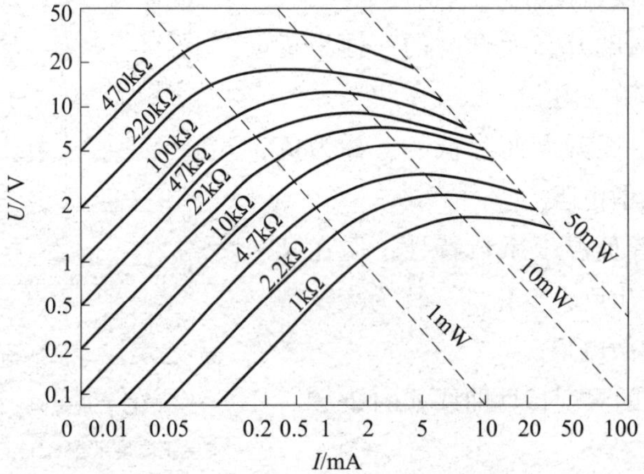

图 2—2—3 热敏电阻的伏安特性曲线

4．最大稳态电流

最大稳态电流是指功率型热敏电阻在 25℃ 环境温度下允许施加在热敏电阻上的最大持续电流值。这个值必须高于实际电路中热敏电阻的工作电流值，否则会造成热敏电阻的过载而损坏。

三、热敏电阻的选用

一般根据热敏电阻的用途对其温度系数、测量范围、标称阻值和额定功率进行选择。

1．热敏电阻的用途

由于热敏电阻最合适的工作温度为 -55 ~ 315℃，因此，它多用于汽车、仪表、计算机、家电等领域的温度控制与显示及其修正。

（1）温度的测量

这是热敏电阻主要的应用。通过热敏电阻感知环境温度或被测目标的温度变化，再经过测量电路的转换，变成反映温度变化的电压信号。一般选择微功耗热敏电阻，通过电路参数的设置控制流过热敏电阻的电流，防止电流过大造成的自身发热，从而影响测量结果。如图 2—2—4 所示为用 PTC 组成的温度测量电路原理图。

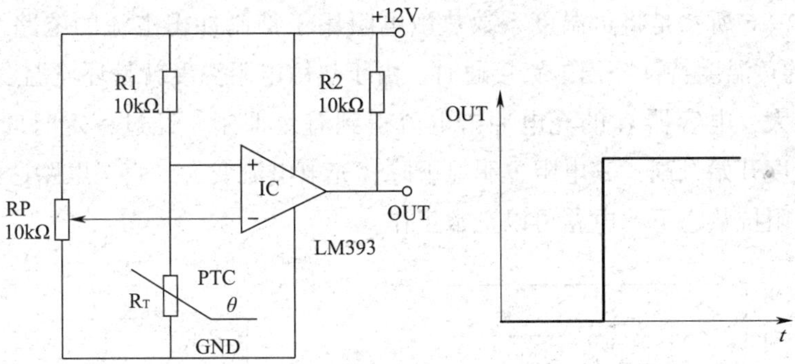

图 2—2—4　用 PTC 组成的温度测量电路原理图

低温时，PTC 处于低阻抗状态，由于分压关系，比较器的正向输入端为低电平；开始时，通过调节 RP，使得比较器的反向输入端也处于低电平并低于正向输入端电位，则比较器输出为低电平；一旦温度超过一定值，如 PTC 从几十欧变化到几千欧，则比较器翻转，输出高电平。通过特定电路将此“0”“1”输出变化进行响应，就可以完成温度的控制。例如，可以将这个“0”“1”变化输入到单片机的某个输入端，经过单片机响应与处理，再通过其输出就可以完成温度控制。

（2）电路的限流和保护

利用突变型正温度系数（CTR）热敏电阻可以制作自恢复过电流保护器；PTC 热敏电阻可以作为负荷的过电流限制器；将 NTC 热敏电阻串接在滤波电容器前面，可以有效抑制上电时电容电流造成的冲击。

CTR 元件用于过电流保护的应用电路举例如图 2—2—5 所示。当电动机工作电流正常时，CTR 处于低阻抗，其形成的压降不足以影响电动机的正常工作。运行中一旦发生了电动机的过电流故障，由于电流迅速增加，导致 CTR 的温度也迅速升高，当其温度升高至 120℃附近时，其阻抗迅速增大，形成近乎断路的电路状态，则电动机停转。当温度恢复正常后，CTR 又会恢复到原来的低阻抗状态，电动机自动进入运行状态，这就是所谓的“自复式熔断器”。

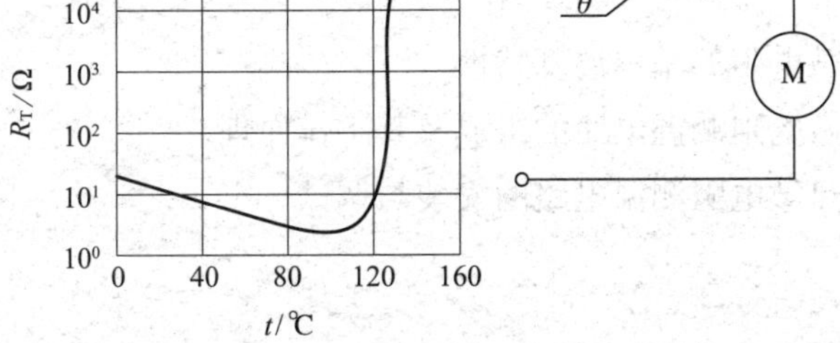

图 2—2—5　自恢复过电流保护器电路原理图

如图 2—2—6 所示是将负温度系数热敏电阻用于抑制冲击电流的电路原理图。利用 NTC 或 CTR 的负温度特性，当电路接通时，由于热敏电阻温度就是环境温度，温度较低，阻抗较大或很大，电容器 C 的充电冲击电流得到有效抑制。经过一定时间的电流作用，热敏电阻的温度开始升高，其电阻也明显下降，充电电流变大，直至电路达到稳定，热敏电阻维持在低阻抗状态下，电路可以正常工作。

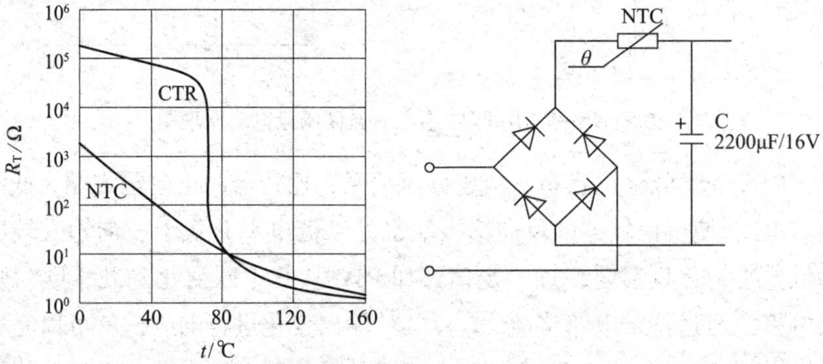

图 2—2—6　将负温度系数热敏电阻用于抑制冲击电流的电路原理图

2. 热敏电阻的选择

一般用于温度控制与显示的热敏电阻应选择微功耗型，要尽量使流过热敏电阻的电流不造成明显的测量温升，从而造成温度测量误差。同时，热敏电阻在选用时还应注意在有效的温度测量范围内有较好的线性度。

对于用于限流控制功能的热敏电阻，一般要选择功率型，要使其最大稳态电流大于所在电路的工作电流。但在这种应用功能下可不必太注重其线性度，应关注其温度响应速度，以及保护和限流功能时稳态后的阻值。

实训 1

基于 PTC 热敏电阻传感器和 555 时基电路的电动机温度测量电路的应用

实训目的

1. 掌握 PTC 热敏电阻的基本温度特性。
2. 掌握 PTC 热敏电阻测温电路的组成及其工作原理。
3. 能完成 PTC 热敏电阻测温电路的安装与调试。

实训内容

分析并安装、调试基于 PTC 热敏电阻传感器和 555 时基电路的电动机温度测量电路

（图 2—2—7）。

1．分析实训给出的温度测量电路原理图。

2．根据原理图和所选择完成的元件对实训中的温度测量电路进行焊接，并完成温度控制功能的调试。

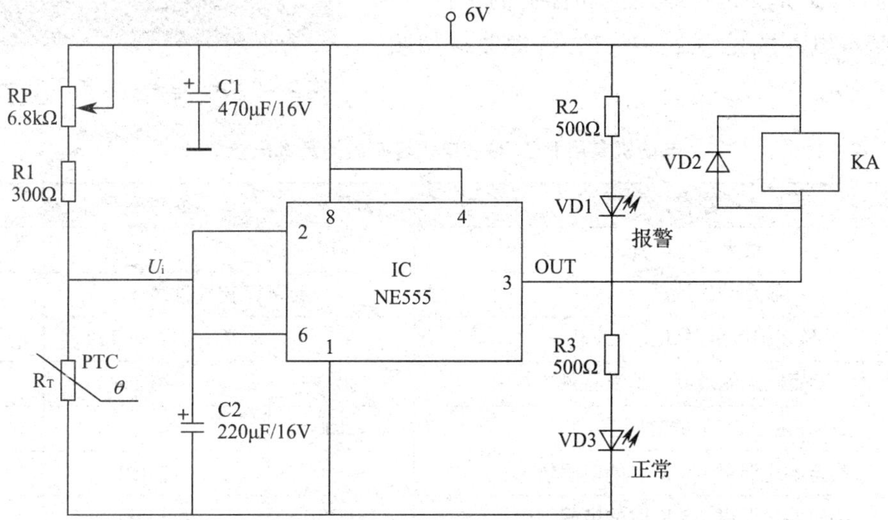

图 2—2—7　电动机温度测量电路原理图

实训设备与工具

万用表（1 块），25～35 W 内热式电烙铁（1 把），烙铁架（1 个），松香焊锡丝及小块松香适量，蘸湿的棉质擦布（1 块），焊接练习用电工工具，焊接练习用万用敷铜板（1 块），照明良好的焊接练习实验台。

实训步骤

一、分析测量电路

1．热敏电阻的选择

由于热敏电阻传感器元件本身既是测量元件，同时也是转换元件，其本身就可以形成一个温度传感器，因此，在构成并实施这样一个任务时，只需要将这种转换后电参数——阻值的变化加以利用，并变成有效的控制输出即可。具体到本控制任务，是对电动机的运行温度进行监控，由于电动机热保护的温度测量范围不会超过 200℃，因此，选用电动机专用 PTC 热敏电阻传感器即可满足本控制要求。

如图 2—2—8 所示为所选择的用于测量电动机温度的 PTC 热敏电阻传感器，其结构形式为三头串联型，采用 DIN 44082 标准。

三头串联的结构形式可以将三个探头放置在不同的测量位置，以达到更全面和均衡的测量。温度范围为 60 ~ 190℃。不同反应温度的 PTC 热敏电阻可以串接在一起，这样可以对电器在不同温度阶段起到最经济和优良的保护。

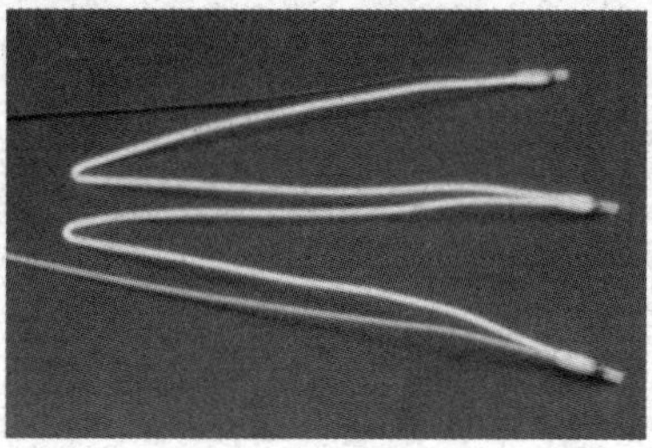

图 2—2—8　电动机专用 PTC 热敏电阻传感器

其基本电参数见表 2—2—1，特性曲线如图 2—2—9 所示。

表 2—2—1　电动机专用 PTC 热敏电阻传感器的基本电参数

项目	单头型	三头串联型	单位
最大工作电压	30	30	V
额定响应温度 θ_{NAT}	参考订货数据表		℃
额定响应温度 θ_{NAT} 的公差	±5	±5	K
额定响应温度 θ_{NAT} 的复验性	±0.5	±0.5	K
在 25℃下的电阻值	≤100	≤300	Ω
额定响应温度 −5 K 时的电阻值	≤550	≤1 650	Ω
额定响应温度 +5 K 时的电阻值	≥1 330	≥3 990	Ω
额定响应温度 +15 K 时的电阻值	≥4	≥12	kΩ
热响应时间 T_a	≤5	≤5	s
绝缘强度 U_{is}	AC2.5	AC2.5	kV
最大控制温度	200	200	℃
最高允许存放温度	160	160	℃
最低允许存放温度	−25	−25	℃
质量	2	3.5	g

从其电参数来看，其冷态零功率电阻值单头时为 100 Ω，三头组合时，其值为 300 Ω。选择 +15 K 的元件，其额定响应温度 +15 K 时的电阻值为 12 kΩ。

2. 555 时基电路

由于用于温度测量的热敏电阻都是微功耗元件，因此，采集热敏电阻阻值变化的电路必须是电压比较器这种运放类元件，因为这种元件采集信号时基本不取电流。但由于电压比较器只能输出一个电平

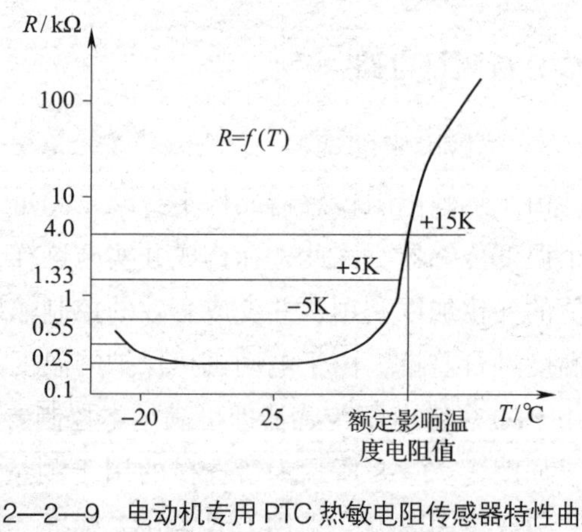

图 2—2—9　电动机专用 PTC 热敏电阻传感器特性曲线

变化，没有输出能力，要做到采集信号是运放，又要有一定输出能力的元件，就只有555时基电路，其典型型号为NE555。如图2—2—10所示为555时基电路的内部框图和功能引脚图。

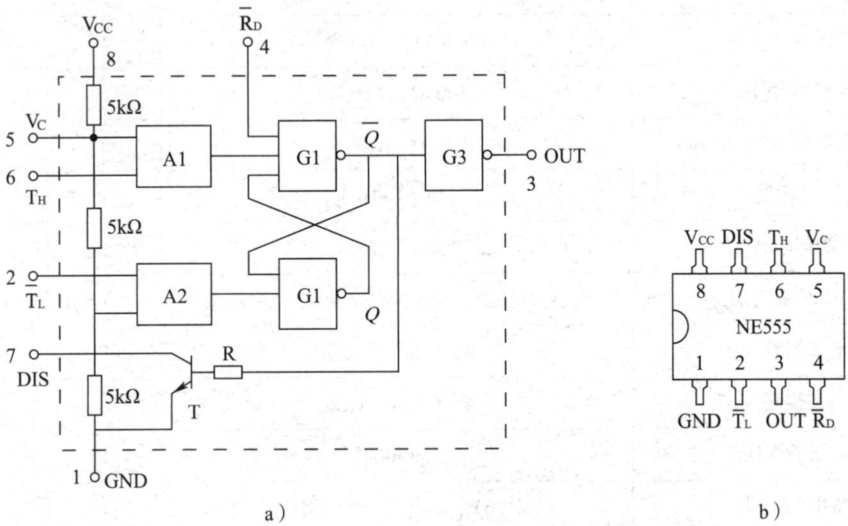

图2—2—10　555时基电路的内部框图和功能引脚图

a）内部框图　b）功能引脚图

它含有两个电压比较器，一个基本RS触发器，一个放电开关T。比较器的参考电压由三只5 kΩ的电阻器构成分压，它们分别使高电平比较器A1同相输入端和低电平比较器A2反相输入端的参考电平为$2/3V_{CC}$和$1/3V_{CC}$。A1和A2的输出端控制RS触发器状态和放电管开关状态。当输入信号电压自6脚输入并超过$2/3V_{CC}$时，触发器复位，555的输出端3脚输出低电平，同时放电开关管T导通；当输入信号自2脚输入并低于$1/3V_{CC}$时，触发器置位，555的3脚输出高电平，同时放电开关管T截止。

3．温度监测过程分析

（1）正常情况下，即PTC温度处于室温的情况下，调节RP使U_i小于电源电压的1/3，本例中即小于2 V时，低电位触发端2端起作用，IC输出为高电平，继电器KA不动作，表示温度正常。

（2）当PTC处于高温状态时，由于温度升高，R_T受热阻值增大，当增大至一定值时，由于分压关系，导致U_i大于电源电压的2/3，即大于4 V时，高电位触发端6端起作用，IC输出翻转为低电平，KA吸合，切换电路。由KA的常闭触点断开电动机的控制回路，由其常开触点启动报警。

二、电路的安装与调试

1．按表2—2—2的元器件清单准备电路元器件。

表 2—2—2　　　　元器件清单

元器件名称	规格型号	数量	备注
IC	NE555	1	
微调电阻 RP	6.8 kΩ，0.1 W	1	
碳膜电阻 R1	300 Ω，1/8 W	1	
碳膜电阻 R2、R3	500 Ω，1/8 W	2	
电解电容器 C1	470 μF/16 V	1	
电解电容器 C2	220 μF/16 V	1	
PTC 热敏电阻	三头串联型，DIN 44082 标准，+15 K	1	
发光二极管 VD1	4～6 mA，红色	1	报警
发光二极管 VD3	4～6 mA，绿色	1	正常
二极管 VD2	1N4004	1	
微型继电器	6V，2A，一开一闭	1	

2. 按照图 2—2—7 中标定的电路元件规格型号进行图纸和元件的熟悉和认知。

3. 根据电路原理图对所用元器件在练习板上进行位置布局。

4. 使用电烙铁焊接工艺完成温度控制电路板的安装。

5. 检查无误后进入通电调试过程。上电前将可变电阻 RP 的可调端处于中间位置。

（1）模拟常温状态

一上电，由于 RP 的调节端处于中间，PTC 处于常温的 300 Ω 状态，根据电路参数的分压关系，使 U_i 处于低于 2 V 的状态，IC 输出端输出高电平，继电器 KA 不动作。此时表示电动机运行正常。

（2）模拟电动机过载状态

用电烙铁靠近 PTC 热敏电阻，将其逐渐加热，模拟电动机过载发热过程。根据控制要求，将其加热至不敢碰的状况，此时 PTC 立刻处于高阻抗状态，之后稍微将电烙铁离远，以保持其持续的高温。加热过程中注意观察 U_i 的电压变化，并观察 KA 动作情况，将观察结果填于表 2—2—3 中。

调试中，如果调不到大于 4 V，可以稍微调一下 RP 的状态。

表 2—2—3　　　　KA 动作情况记录

U_i（V）	2	3	4	4 以上
KA 动作情况				

（3）根据调试过程写出电路调试结论。

§2—3 热电偶传感器

学习目标

1. 掌握热电偶传感器的结构、原理、特点及分类。
2. 熟悉热电偶传感器的基本参数。
3. 能根据实际应用场合正确选用热电偶传感器。

一、热电偶传感器的原理、特点及分类

1. 热电偶传感器的原理

热电偶传感器是由 A、B 两条不同性质的金属导体并联成的一个闭合回路，如图 2—3—1 所示。

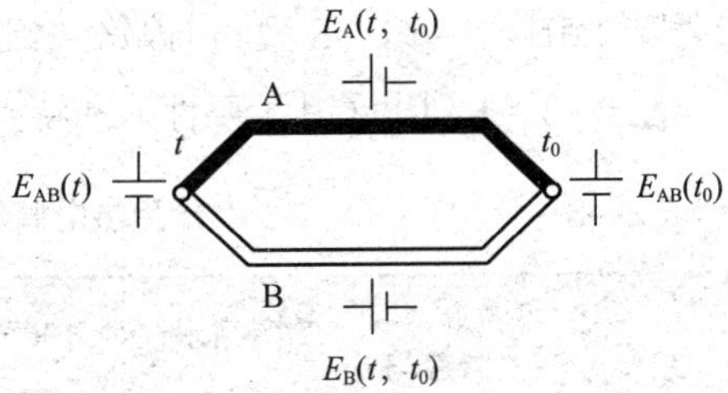

图 2—3—1 热电偶结构示意图

如果两结合点处两种金属自由电子的密度不同，在连接点上会形成接触电势；如果两种金属两个连接点的温度不同，即 $t_0 \neq t$，则在两导体间产生温差电动势。两种电势共同作用在回路中将产生一定大小的电流，这种现象称为热电效应。在此闭合回路中的两种导体叫作电极；两个结合点分别被称为工作端（热端 t）和参比端（冷端 t_0）。有这样一种结构，并将温度值转换成热电动势的传感器叫作热电偶传感器。

2. 热电偶基本定律

（1）如果热电偶两种电极材质相同，则无论两接点的温度如何，总电动势始终为零。

（2）如果热电偶两接点温度相同，尽管 A、B 材质不同，回路中的总电动势依然为零。

（3）热电偶产生的热电动势大小与材料和接点温度有关，与其尺寸、形状无关。

（4）如果在热电偶回路中插入中间导体，只要中间导体两端的温度相同，则对热电偶回路的总热电动势无影响，如图 2—3—2 所示。

3. 热电偶的类型和材料

从理论上说，任何两种不同材料的导体都可以组成热电偶，但为了做到准确、可靠以及稳定的测量，对热电偶材料必须进行一定选择，其原则如下：

（1）热电动势变化尽量大。

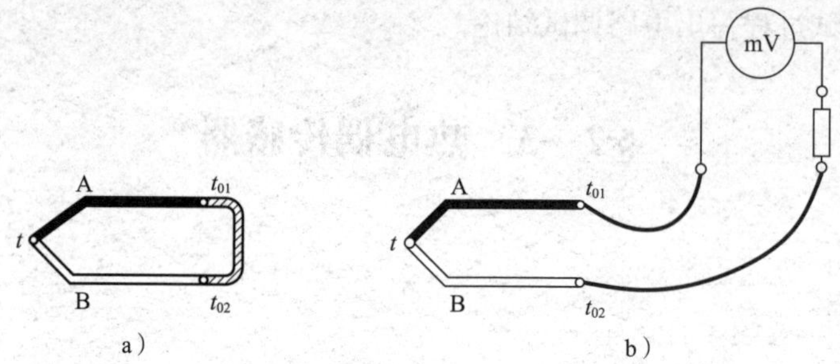

图 2—3—2　热电偶插入中间导体示意图

a）插入中间导体　b）应用电路

（2）热电动势与温度的关系尽量接近线性。

（3）理化性能稳定，易加工，有良好的互换性。

根据以上原则，现在工业上常用的 4 种热电偶材料及其分度号为：铂铑$_{30}$－铂铑$_{6}$（B 型），铂铑$_{10}$－铂（S 型），镍铬－镍硅（K 型），镍铬－铜镍（E 型）。

表 2—3—1 列出了其主要性能和特点，写在前面的热电极是正极，写在后面的是负极。

表 2—3—1　　常用热电偶传感器的主要性能和特点

名称	分度号	测温范围 t/℃	100℃时的热电动势	1 000℃时的热电动势/mV	特点
铂铑$_{30}$－铂铑$_{6}$	B	50～1 820	0.033	4.834	熔点高，测温上限高，性能稳定，准确度高，100℃以下的热电动势极小，因此，可不必考虑冷端温度补偿；但价格贵，线性差；只适合高温域测量
铂铑$_{10}$－铂	S	－50～1 768	0.646	9.587	优点同上；但性能不如 B 型；长期以来曾作为国际温标的法定标准热电偶
镍铬－镍硅	K	－270～1 370	4.096	41.276	热电动势大，线性好，稳定性好，价廉；但材质较硬，在 1 000℃以上长期使用会引起热电动势漂移；多用于工业测量
镍铬－铜镍（康铜）	E	－270～800	6.319	—	热电动势比 K 型热电偶大 50% 左右，线性好，耐高温，价廉；但不能用于还原性环境；多用于工业测量

注：铂铑$_{30}$表示该合金含 70% 的铂及 30% 的铑，以此类推。

二、热电偶传感器的结构

热电偶按照使用的结构形式可以分为装配式、铠装式和薄膜式三种。

1. 装配式热电偶传感器

装配式热电偶传感器主要用于测量气体、蒸汽和液体等流体介质的温度。这类热电偶已经做成标准形式，其中包括角型、棒形、锥形等。从安装方式来分，有固定法兰式、活动法兰式、固定螺纹式、焊接固定式等。如图 2—3—3 所示为棒形、活动法兰式的装配式热电偶传感器结构示意图。

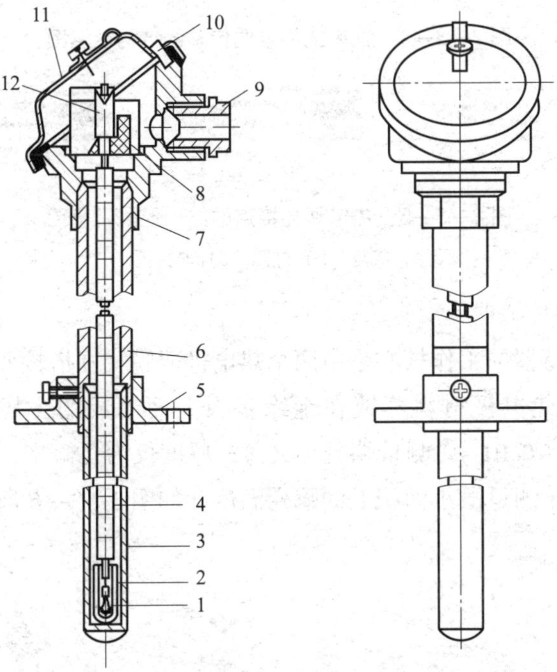

图 2—3—3　棒形、活动法兰式的装配式热电偶传感器结构示意图

1—热电偶工作端；2—绝缘套；3—下保护管；4—绝缘管；5—固定法兰；6—上保护套管；
7—接线盒底座；8—接线绝缘座；9—引出线套管；10—固定螺钉；11—接线盒外罩；12—接线柱

2. 铠装式热电偶传感器

铠装式热电偶传感器又称套管热电偶传感器。它是由热电极、绝缘材料和金属套管三者经拉伸加工而成的坚实组合体，如图 2—3—4 所示。

把热电极材料与高温绝缘材料预制在金属保护管中，运用同比例压缩工艺将三者合为一体，制成各种直径、规格的铠装偶体，再截至适当长度，并将工作端焊接密封，配置接线盒，即成为柔软、细长的铠装热电偶。其外径可以小到 1 ~ 3 mm。热电极直径为 0. 2 ~ 0. 8 mm，使用中可以随意弯曲。一般普通热电偶连接点的结构形式如图 2—3—5 所示。

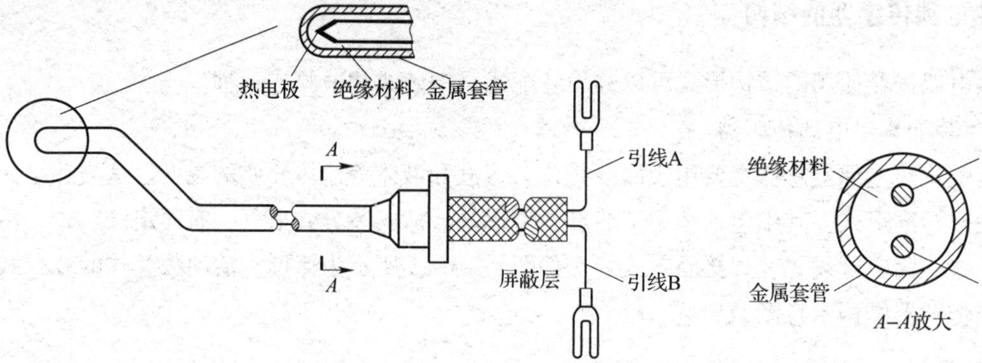

图 2—3—4　铠装式热电偶传感器结构示意图

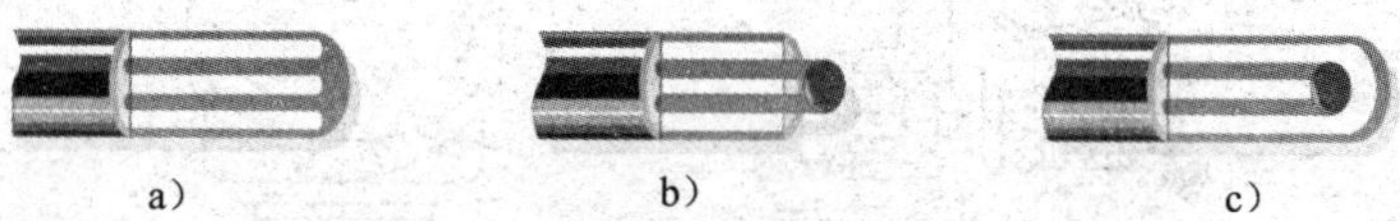

图 2—3—5　热电偶连接点的结构形式示意图

a）接地　b）外露　c）非接地

3．薄膜式热电偶传感器

薄膜式热电偶传感器的工作核心是由两个热电极薄膜相互搭接而成的热结点，它是用真空蒸镀的方法，把热电极材料蒸镀在绝缘基板上而制成的，其测量范围为 -200 ~ 300℃，时间常数为 0 ~ 0.01 s。测量端既小又薄，厚度仅为几微米，热容量小，响应速度快，便于敷贴，适用于测量微小面积上的瞬变温度。如图 2—3—6 所示是薄膜式热电偶传感器的实物图。

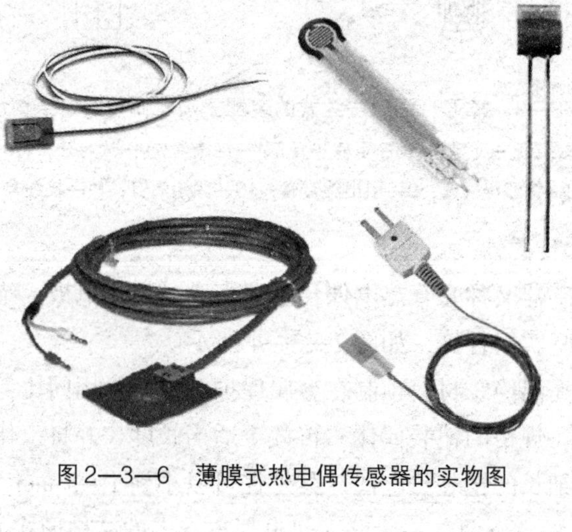

图 2—3—6　薄膜式热电偶传感器的实物图

三、热电偶传感器的温度/热电动势特性

对于不同金属组成的热电偶，温度与热电动势之间有不同的函数关系，一般是通过实验的方式进行确定。将不同温度下测得的结果列成表称为热电偶的分度表，表 2—3—2 为 K 型热电偶参比端为 0℃时的分度表。

表 2—3—2　　K 型热电偶分度表

工作端的温度 /℃	热电动势 /mV	工作端的温度 /℃	热电动势 /mV	工作端的温度 /℃	热电动势 /mV	工作端的温度 /℃	热电动势 /mV
-270	-6. 458	-140	-4. 669	-10	-0. 392	120	4. 920
-260	-6. 441	-130	-4. 411	0	0. 000	130	5. 328
-250	-6. 040	-120	-4. 183	10	0. 379	140	5. 735
-240	-6. 334	-110	-3. 852	20	0. 798	150	6. 138
-230	-6. 262	-100	-3. 554	30	1. 203	160	6. 540
-220	-6. 158	-90	-3. 243	40	1. 612	170	6. 941
-210	-6. 035	-80	-2. 920	50	2. 023	180	7. 340
-200	-5. 891	-70	-2. 587	60	2. 436	190	7. 739
-190	-5. 730	-60	-2. 243	70	2. 851	200	8. 138
-180	-5. 550	-50	-1. 889	80	3. 267	210	8. 539
-170	-5. 354	-40	-1. 527	90	3. 682	220	8. 940
-160	-5. 141	-30	-1. 156	100	4. 096	230	9. 434
-150	-4. 913	-20	-0. 778	110	4. 509	240	9. 747

如图 2—3—7 所示为常用的四种热电偶传感器的热电动势与温度的关系曲线，从图中可以看出，在 0℃时，它们的热电动势均为零，而且可以看出其中的 S 型和 B 型是非线性的且热电动势较低。

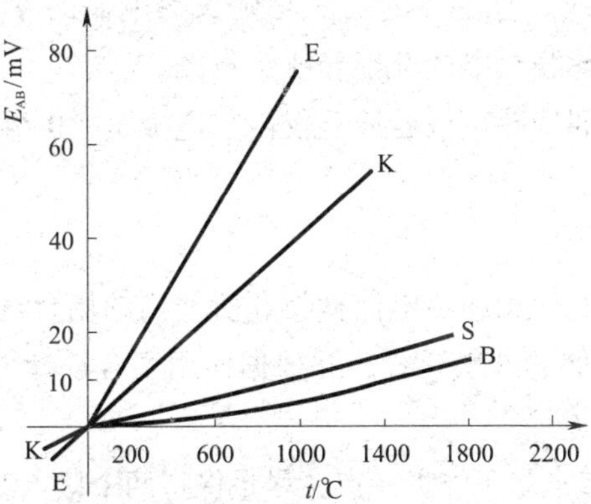

图 2—3—7　常用的四种热电偶传感器的热电动势与温度的关系曲线

四、热电偶的使用方法

热电偶的使用方法基本分为两种，一种是用补偿导线延长冷端与测量端的距离，提高测温精度；另一种是使用安装在测量现场的温度变送器，可以将温度变化变为随温度变化呈线性关系的模拟量输出，一般为2～20 mA，同时还可以在一定的温度变化范围内完成冷端温度补偿。

1. 采用补偿导线测量

由热电偶测温原理可知，一只确定的热电偶，其热电动势的大小与两端的温度差有关，热电偶两端的温度差越大，热电动势也越大。当一端的温度固定后，热电动势的大小就只与另一端的温度变化有关了。前者称为参比端，后者称为测量端。为了提高测量精度，参比端的温度最好比较稳定，因此，实际测量时，为了让参比端免受被测端介质温度和周围环境温度影响，往往采用补偿导线将参比端引到远离高温区的地方。当有确定的参比端温度时，测量结果才是准确的，通常在测量分度表热电动势参数时，参比端温度选择为0℃。对于测量实践中不能使用恒定参比端的测量，也必须通过测量参比端的方式根据分度表进行推算，从而得到较为精确的测量结果。

例如，用镍铬－镍硅K型传感器测温，测得参比端的温度为40℃，实测热电偶输出的热电动势为2.164 mV，那么实际的温度应该按下面的公式进行折算：

$$E_{AB}(t,0)=E_{AB}(t,40)+E_{AB}(40,0)$$

查K型热电偶分度表（表2—3—2）得

$$E_{AB}(40,0)=1.612\ \text{mV}$$

则 $E_{AB}(t,0)=E_{AB}(t,40)+E_{AB}(40,0)=2.164+1.612=3.776\ \text{mV}$

再查分度表，可知实际温度为90～100℃。如果有更细致的分度表，温度值还可以再精确。

工程中用的补偿线是指在一定的温度范围内（0～100℃），其热电性能与相应的热电偶热电性能相同的减价导线。它主要的功能是延长热电偶的参比端，但没有温度补偿作用。如图2—3—8所示为薄膜热电偶补偿导线示意图。

接补偿导线后的热电偶回路可以看成是仅由热电极A、B组成的回路。使用补偿导线应该注意：

（1）补偿导线的选择

补偿导线一定要根据所使用的热电偶种类和所使用的场合进行正确选择。例如，K型热电偶应该选择K型热电偶的补偿导线，并根据使用场合选择工作温度范围。

（2）补偿导线接点的连接

与热电偶接线端两个接点尽可能近一点，尽量保持两个接点温度一致。与仪表接线端连接处尽可能温度一致，仪表柜有风扇的地方，接点处要进行保护，不要使风扇直吹到接点。

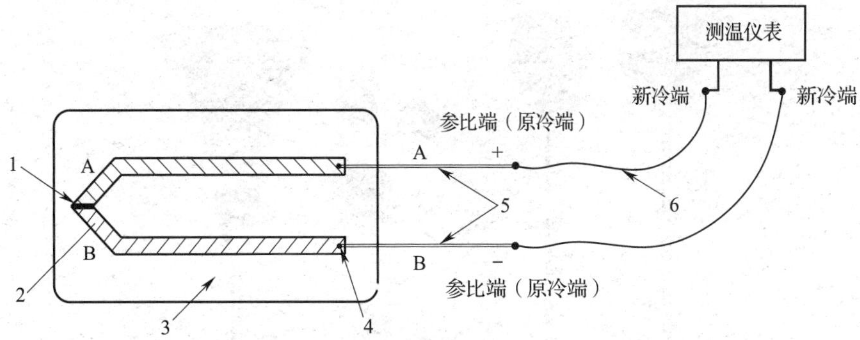

图 2—3—8　薄膜热电偶补偿导线示意图

1—工作端；2—热电极；3—绝缘基板；4—引脚接头；5—引出线（与热电偶材质相同的导线）；6—补偿导线（与热电偶热电性能相同的廉价导线）

(3) 补偿导线的使用长度

因为热电偶的信号很低，为微伏级，如果使用的距离过长，信号的衰减和环境中强电的干扰耦合使热电偶的信号失真，造成测量和控制温度不准确，在控制中严重时会产生温度波动。通常使用热电偶补偿导线的长度控制在 15 m 内比较好，如果超过 15 m，建议使用温度变送器进行信号传送。

2. 采用温度变送器测量

温度变送器分为分体式和一体化式。分体式适合与装配式热电偶配合使用，可分为嵌入式和标准导轨式；一体化式的把变送器和热电偶传感器做成一体结构。两者都是安装在热电偶的近旁，不用补偿导线，用现场变送器中的补偿电路进行温度补偿。

热电偶温度变送器一般由基准源、冷端补偿、放大单元、线性化处理、V/I 转换、断偶处理、反接保护、限流保护等电路单元组成。它是将热电偶产生的热电动势经冷端补偿放大后，再由线性电路消除热电动势与温度的非线性误差，最后放大并转换为 4～20 mA 电流输出信号。为防止热电偶测量中由于电偶断丝而使控温失效造成事故，变送器中还设有断电保护电路，当热电偶断丝或接触不良时，变送器会输出最大值（28 mA）以使仪表切断电源。

热电偶参比端的温度补偿电路是用来自动补偿热电偶测量值因参比端温度变化而变化的一种装置。温度变送器安装在现场，冷端的温度随环境的变化而变化。冷端不进行补偿时，变送器的输出将随实际温度变化而变化，会给运行人员带来错误的判断，所以要进行冷端补偿。它实质上就是能产生一个随参比端温度变化而变化的直流信号毫伏发生器，把它串接在热电偶测量线路中测温时，就可以在一定温度范围内使参考端温度得到自动补偿。

目前，温度变送器种类很多，有的变送器可以直接显示温度值，有的可以进行温度控制的设定并完成控制输出。如图 2—3—9 所示为当前市场上的一体化变送器实物图。

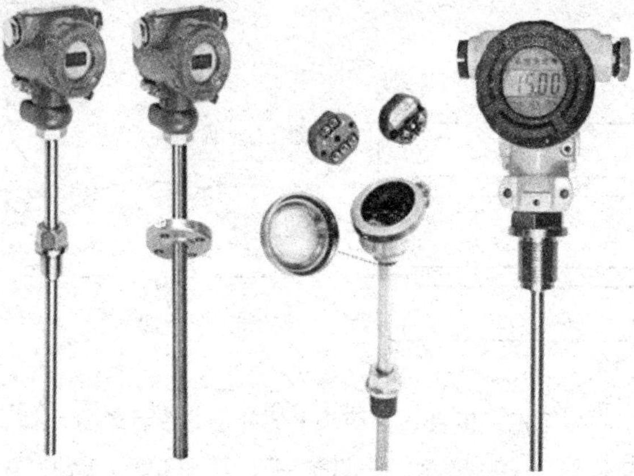

图 2—3—9　一体化变送器实物图

五、热电偶传感器的安装

热电偶传感器一般用于测量流体温度，一般安装在管道内或电加热箱内。

对热电偶的安装，应注意考虑测温准确、抗干扰、固定牢固、安全、维修方便和不影响设备运行与操作等因素。

1．安装部位

为了使热电偶的测量端与被测介质之间有充分的热交换，应合理选择测量地点，尽量避免在阀门、弯头及管道和设备死角附近装设热电偶，同时应尽可能避开强磁场和强电场环境。热电偶的安装方式分为垂直安装与倾斜安装，如图 2—3—10 所示为热电偶不同安装方式的示意图。

2．插入深度

一般热电偶测量端都有带保护管的插入部分，为了减少测量误差，热电偶必须有足够的插入深度。对于测量管道中流体的热电偶，一般都应将其测量端插至管道的中心处。如果是铠装式热电偶，其总的弯曲后插入的探头长度一般控制在探头直径的 8～10 倍。

对于高温、高压介质，如高压水蒸气，为了减少热电偶保护管对气流的阻力，防止保护管在气流的作用下发生断裂，可以适当浅插，一般不小于 75 mm。对于超大直径的管道，如烟道，最大插入长度一般不超过 1 m。

3．流动介质

如果被测介质为流动介质时，热电偶应尽量采取与介质流动方向逆向的方式安装，以便热电偶与介质充分接触。

4．分体式温度变送器

如果采用分体式温度变送器，热电偶输出的毫伏信号应使用屏蔽电缆进行传输。

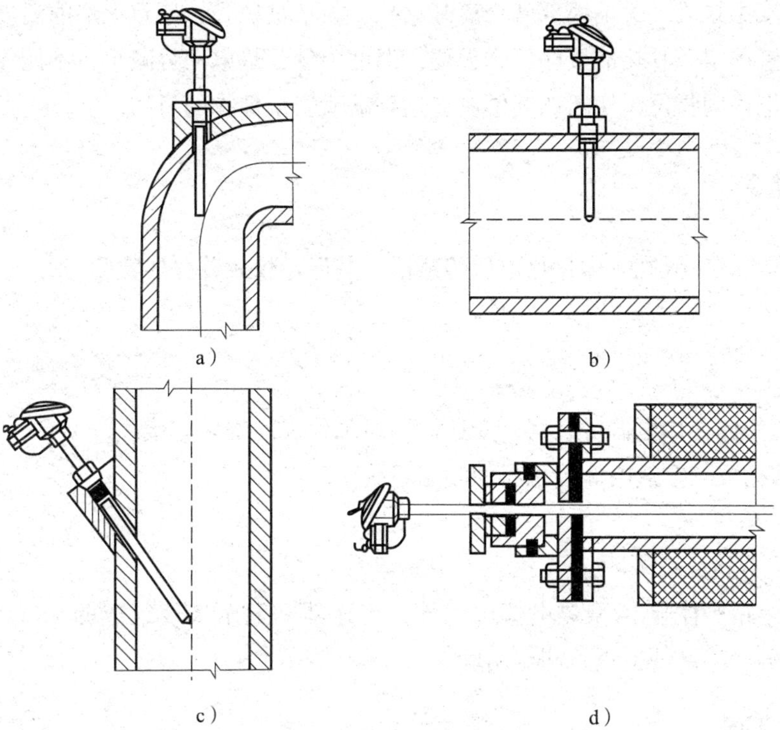

图 2—3—10　热电偶不同安装方式的示意图

a）在弯曲管道上的安装方法　b）在水平管道上的安装方法　c）在垂直管道上的安装方法　d）锅炉烟道端口的密封方法

六、热电偶传感器的应用举例

生活中利用热电偶的热电效应可以做成热电偶熄火、缺氧保护装置，如图 2—3—11 所示。在燃气灶、燃气容积式热水器、锅炉等燃具中都装有热电偶，其作用是用于熄火安全保护和缺氧安全保护，一般是用热电偶作为检测组件，电磁阀作为动作执行组件。

燃气热水器中热电偶保护的工作原理如下：当燃气热水器正常工作时，火焰在对热交换器加热的同时，对排火孔旁边的热电偶热端也进行加热，因而热电偶产生热电动势，通过电路传给电磁阀线圈，使电磁阀产生电磁力，保持开启状态（此时电磁阀受外力作用已被打开），开启供气通道，保持燃气流通和火焰持续燃烧。

如果出现意外熄火的情况，热电偶热端逐渐冷却（5 ~ 25 s），热电动势下降，电磁阀的电磁力消失，在弹簧作用下复位，断开供气通道，达到熄火安全保护的目的。

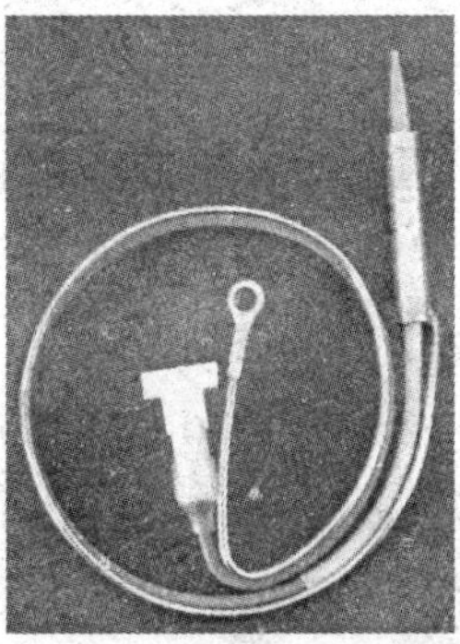

图 2—3—11　燃具保护装置中的热电偶

如果空气中缺氧，火焰根部就会离开火孔，火焰被拉长，导致火焰的温度下降。因为热电偶的位置固定，其热端接触不到火焰，温度降低，热电动势减小，不能保持电磁阀的开启状态。电磁阀复位，切断燃气供应，达到缺氧安全保护的目的。

实训 2

认知一体化热电偶传感器及其显示仪表并接线实验

实训目的

1. 掌握一体化热电偶传感器、变送器、显示仪表的安装与接线。
2. 能够构成一个热电偶传感器的测温系统。

实训内容

完成一个由一体化 K 型热电偶传感器、变送器和显示仪表组成的测温系统的安装，并在组装好的测温系统上进行测温实验。

实训设备与工具

装配式热电偶传感器，K 型（1 只）；MIK－ST500（或其他型号）嵌入式热电偶温度变送器（1 只）；SY LED2 型数显表（1 只）；直流 24 V 稳压电源（1 台）；两芯屏蔽电缆适量；1 000℃红外手持式非接触测温仪（1 台）；BVR1.5 平方导线适量，要求颜色区别；远红外电加热炉（1 台），功率 2 kW；电工工具一套及紧固标准件和电工辅料适量。

实训步骤

一、认识主要元器件及相关仪表

1. 元件说明

（1）热电偶选择普通装配式热电偶传感器，K 型（图 2—3—12），也可以选择其他测量、变送一体化的 K 型热电偶传感器总成。

（2）MIK－ST500 为嵌入式带微处理器的通用型温度变送器，输出为 4～20 mA 标准信号，也可以选择其他类似功能的变送器。MIK－ST500 温度变送器安装示意图如图 2—3—13 所示。

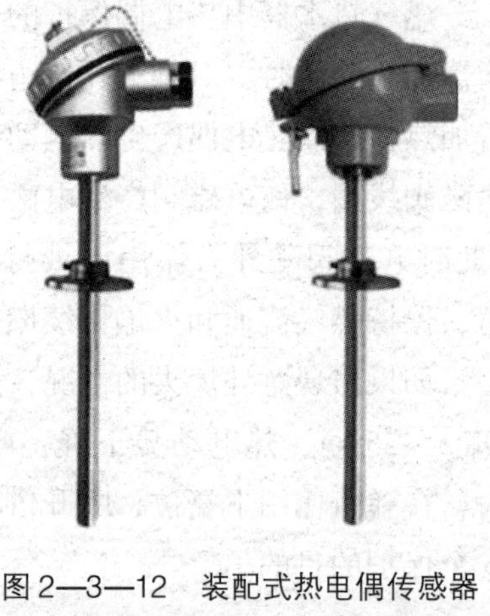

图 2—3—12　装配式热电偶传感器

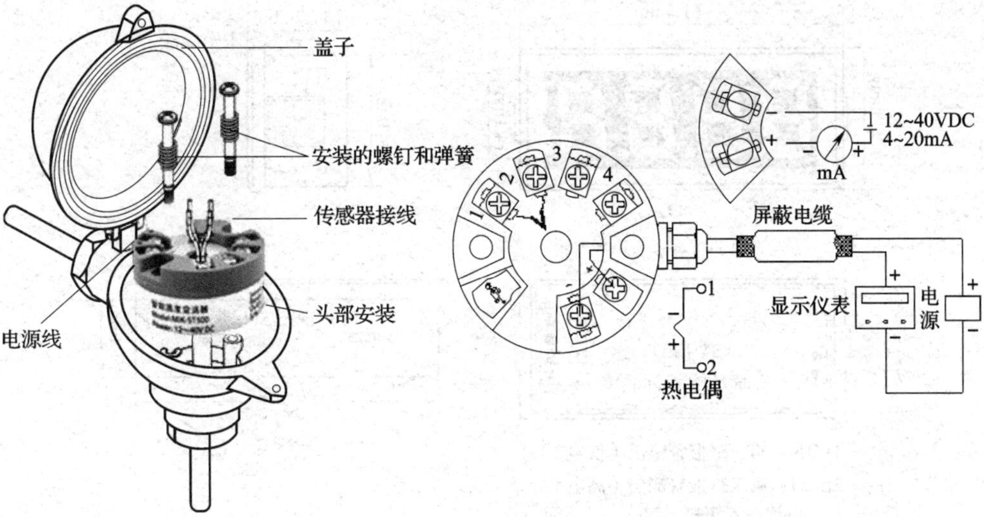

图 2—3—13 MIK - ST500 温度变送器安装示意图

2. 基本性能参数

MIK - ST500 作为新一代的温度变送枢纽，具有很好的兼容性和精度，通过 V6 编程线连接计算机 USB 端口，可由计算机监控数据并调整对接的传感器类型和量程上下限，其所提供的单点测量解决方案包括了 PT100、CU50 及各类热电偶。MIK - ST500 具有 0.1 级的精度和精巧的做工，内部的电子器件全部灌装而成；输出调节由芯片而非电位器控制，在稳定性上非常出色。MIK - ST500 是一种顶部安装式智能温度变送器，用于热电阻（RTD）、热电偶（TC）、电阻（Ω）、电压（mV）信号输入，二线制 4 ~ 20 mA 模拟输出，安装于传感器接线盒内部。其基本指标如下：

（1）用于将各种输入信号转换为 4 ~ 20 mA 输出信号，可带 HART 通讯。

（2）输入：热电阻（RTD）、热电偶（TC）、电阻（Ω）、电压（mV）。

（3）热电阻输入 2 种。

（4）热电偶输入 8 种。

（5）内置冷端补偿。

3. 显示仪表的选择

选择的显示仪表为 SY LED2 通用型，是一种低成本、小体积的二线制无源智能回路 4 ~ 20 mA 电流（LED）数显表，它采用无源设计的输入，串联接入变送器 4 ~ 20 mA 回路中，可将通过回路中的 4 ~ 20 mA 模拟量，按设定范围线性对应地以十进制数字量显示出来。SY LED2 型数显表测量回路中通过的电信号既作为显示表的输入信号，又是该显示表的工作电源，这种两线制无源型工作方式无须其他辅助电源供电，所以使用时接线简单、方便，体积小，精度高，成本低。显示仪表示意图如图 2—3—14 所示。

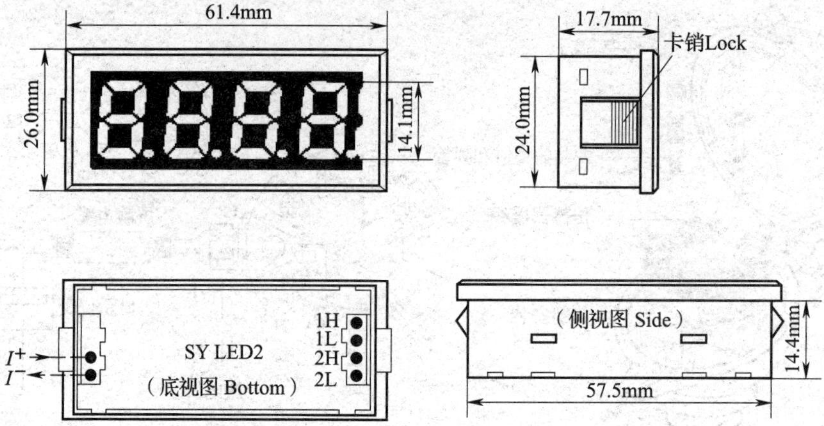

1L/1H：第一路报警输出（低电平L）

2L/2H：第二路报警输出（高电平H）

I^+：电流输入正极

I^-：电流输入负极

面板安装开口尺寸：$57.5^{+0.2}_{0}$mm × $24.0^{+0.2}_{0}$mm

图 2—3—14　显示仪表示意图

二、电路的安装与调试

1. 参考图 2—3—13 及其要求和说明，完成热电偶传感器、变送器、显示仪表和激励电源的电路连接。

2. 检查无误后接通稳压电源。由于变送器自带调零电路，常温下对于高温热电偶仪表基本没有输出，显示器显示为零。

3. 接通红外线电加热器，开始对热电偶的测量端进行加热。随着温度的升高，观察显示仪表的数字变化，仪表显示到 500℃左右就可以停止加热。

4. 一边加热，一边记录温度值，并用手持式温度测量仪对测量温度进行校验，正常情况下，两个仪表的显示温度应当基本一致。

5. 实验完成后，断电，冷却，拆除连接导线，准备下一次实验。

§2—4　热敏半导体传感器

学习目标

1. 掌握热敏半导体传感器的结构、原理、特点及分类。

2. 能根据实际应用场合正确选用热敏半导体传感器。

一、热敏半导体传感器的结构、原理及特点

热敏半导体传感器是利用 PN 结的结电阻温度特性制作的热敏传感器。

1. 热敏半导体传感器的结构和原理

N 型半导体是以电子导电为主的半导体；P 型半导体则是以空穴导电为主的半导体。紧密相连的 P 型半导体和 N 型半导体之间会形成一个空间电荷区，称为 PN 结。PN 结具有单向导电性，二极管就是利用 PN 结的这个特性做成的。PN 结的结电阻、结电容等参数都是随温度变化的，利用这种变化制作的温度传感器即为热敏半导体传感器。如图 2—4—1 所示为硅二极管正向电压与温度、正向电流的关系曲线。

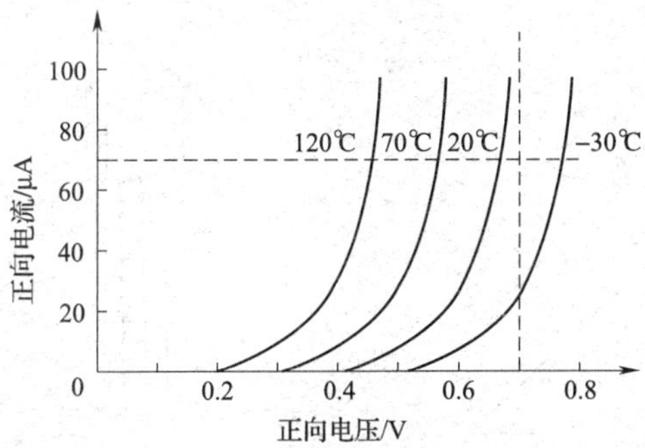

图 2—4—1　硅二极管正向电压与温度、正向电流的关系曲线

从图中可以看出，对一个 PN 结进行正向激励的时候，其被激励后导通的曲线，即 PN 结的正向曲线是非线性的。但当激励电流不变，环境温度变化时，其 PN 结的电压与温度成负相关，且有良好的线性度，温度系数约为 -2 mV/℃。

2. 热敏半导体传感器的特点

热电偶虽然测量范围宽，但其热电动势较低，热敏电阻的灵敏度高，有利于检测微小温度的变化。由于它们的输出都是非线性的，给使用带来一定的困难。热敏半导体传感器和它们相比，最大优点是输出特性呈线性，且测温精度高。

二、热敏半导体传感器的分类

1. 热敏二极管

热敏二极管是最简单的热敏半导体传感器。如图 2—4—2 所示为某型号热敏二极管的 U_F-T 特性曲线。从图中可以看出，在恒流下，U_F-T 可以在 -50 ~ $+150$℃环境温度范围内有很好的线性关系。其优点是尺寸小；热时间常数小（0.2 ~ 2 s）；灵敏度高，约 -2 mV/℃；测量范围为 -50 ~ $+150$℃。缺点是互换性差，通过 PN 结的电流不能过大，一般小于 1 mA（电流过大会引起 PN 结自身温度的上升，从而影响测量精度）。

例如，可以用开关二极管 1N4148 的 PN 结作为热敏二极管温度传感器。

热敏二极管的结构简单，电路构成方便，可以在一定的温度范围内有很好的线性度，但其互换性较差，使用中需要筛选。

2. 热敏三极管

热敏三极管的原理也是利用晶体管的 PN 结，只不过使用了三端元件构成，通过检测 PN 结 U_{be} 的电压反映温度的变化（PN 结电压随温度的变化而变化），但晶体三极管比二极管表现出更好的线性度和互换性。MTS102 为较为典型的半导体热敏三极管，其封装为一般三极管的 TO－90 封装形式，使用时将其基极和集电极连接在一起作为温度传感器的一个引脚，如图 2—4—3 所示为 MTS102 型热敏三极管传感器的封装形式和组成原理。

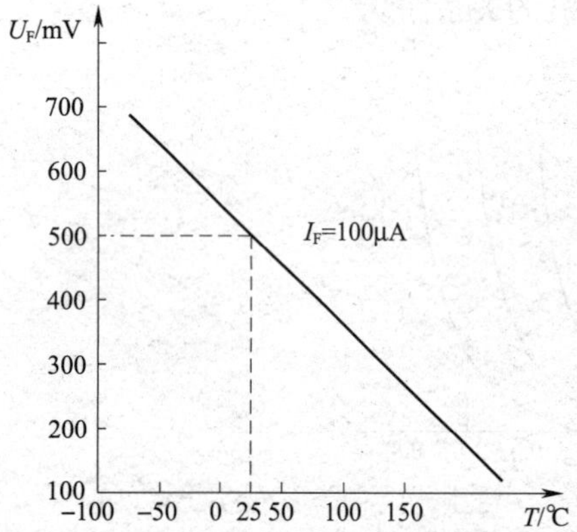

图 2—4—2　某型号热敏二极管的 U_F-T 特性曲线

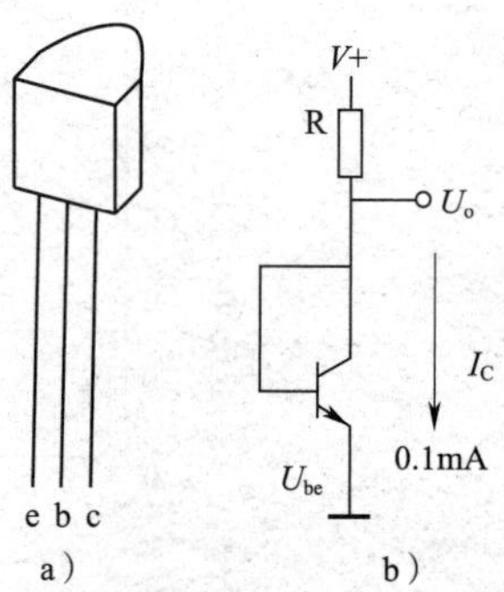

图 2—4—3　MTS102 型热敏三极管传感器的封装形式和组成原理

a）封装形式　b）组成原理

MTS102 型热敏三极管的工作范围为 －40 ~ ＋150℃，在此范围内，测量精度可以达到 ±2℃，它的温度与 U_{be} 电压之间的关系曲线如图 2—4—4 所示，其灵敏度约为 －2.2 mV/℃。

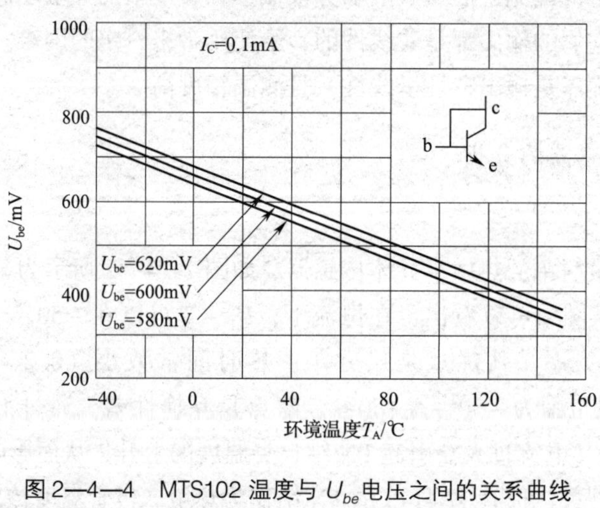

图 2—4—4　MTS102 温度与 U_{be} 电压之间的关系曲线

3．半导体集成温度传感器

半导体集成温度传感器是一种将测温驱动电路、信号处理电路以及必要的逻辑控制电路集成在单片 IC 上，最大的优点是可以直接给出正比于绝对温度的理想线性输出，还具有实际尺寸小、使用方便、成本低廉等优点。

集成温度传感器的检测原理同样也是通过检测 PN 结正向电压来反映温度的变化。按照输出信号的形式，集成温度传感器可分为电流型、电压型和数字型三类，其中，数字型又可分为逻辑输出型和数据通信输出型。电流型具有输出阻抗高的特点，可以进行数百米远的精密温度测量，且不必考虑信号的损失和噪声干扰问题；电压型直接输出电压信号且输出阻抗低，容易识读和连接后续控制电路；数字型的优点是抗干扰能力强，可直接连接单片机组成检测控制系统。如图 2—4—5 所示为半导体集成温度传感器测温核心电路示意图。V1、V2 为一对“镜像晶体管”，其集电极电流 $I_1 = I_2$，并与 V3、V4 的集电极电流相同。V3、V4 为温度测量晶体管，但 V3、V4 的集电极面积不同，则感温后产生的 U_{be} 也不相同，因此，产生 $\Delta U = U_{be4} - U_{be3}$。如果 U_{be} 随温度变化是线性的，那么由于电阻是线性的，在电阻上输出的温度感知电压也是线性的。利用后续的放大电路把 R 上的 ΔU 进行放大处理，就可以得到与温度变化成正比关系的电压及电流信号，或者数字输出信号。

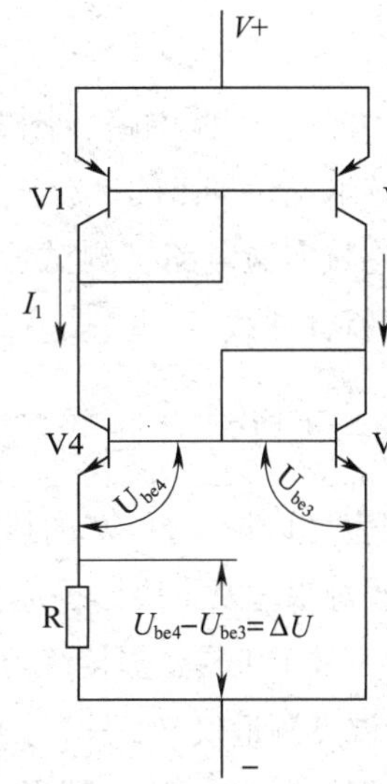

图 2—4—5　半导体集成温度传感器测温核心电路示意图

集成温度传感器的温度测量范围通常为 $-50 \sim 150$℃，其缺点是测量精度较低。

三、热敏半导体传感器的选用

从热敏二极管、热敏三极管一直到半导体集成温度传感器，都是利用半导体元件的 PN 结在恒流驱动下，其结电压随温度改变呈线性负相关改变的特性制造的，因此，它们没有本质区别，有的就是指标和特点不同，实践中可以根据不同的温度控制要求做出恰当选择。其中，热敏二极管最为简单，用一般开关二极管就可以构成温度控制电路，但互换性差，需要进行筛选。热敏三极管是专为温度控制而设计、制作的，一致性很好，使用方便，构成电路也较为简单。半导体集成温度传感器一般适用于较高要求的温度控制，模拟输出型的集成温度控制传感器使用并不多，因为后续电路结构相对复杂，控制上没有优势；逻辑输出型的使用最为方便，可以完成一般断续控制要求的温度控制，如定速空调的控制，其后续电路一般是微处理器，可以适应高要求的温度过程控制，如变频空调的控制。

实训 3

绘制加热状态下的热敏半导体传感器电压—温度特性曲线

实训目的

通过测试热敏三极管传感器在恒电流驱动下其电压—温度特性曲线，了解热敏半导体 PN 结的温度特性。

实训内容

分析并连接实验电路（图 2—4—6）。

1. 选取电位器 RP。

2. 连接实验电路，测试恒电流驱动下热敏三极管的电压—温度特性曲线。

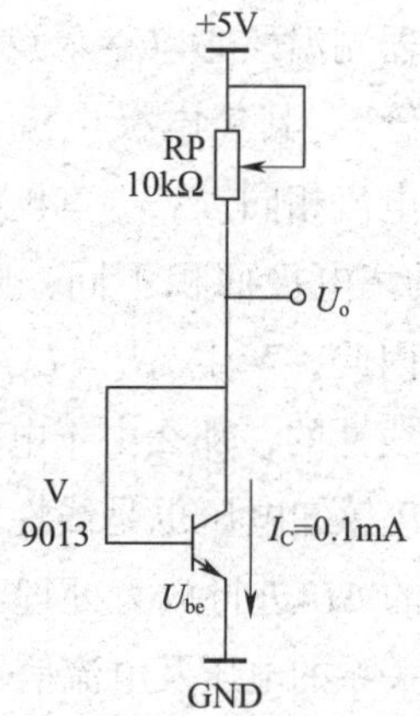

图 2—4—6　实验电路原理图

实训设备与工具

万用表（1 块），50 W 内热式电烙铁（1 把），烙铁架（1 个），松香焊锡丝及小块松香适量，蘸湿的棉质擦布（1 块），焊接练习用电工工具，焊接练习用万用敷铜板（1 块），手持式红外线温度测量仪（1 只），开关式稳压电源 +5 V 输出或场地的稳压电源（1 只），照明良好的焊接练习实验台。

实训步骤

一、电路参数计算

1. 本实验的热敏三极管选用普通的 NPN 型小功率三极管 9013。

2. 根据电路要求，求出 RP 值。

由于电流很小，则三极管处于欠导通状态，因此，其 U_{be} 忽略不计时，有

$$R_P \approx \frac{5}{0.1} = 50\ \text{k}\Omega$$

根据计算结果，选择 56 kΩ，1 W 的电位器。

二、电路的连接与通电实验

1. 用实验板将选择完成的电路元件根据原理图要求进行电路连接。

2．先测常温下的 U_{be} 并做记录。

3．用电烙铁对三极管的管壳逐渐进行加热，观察 U_{be} 的变化，并记录变化值。分阶段逐渐加热，可以加热到 160℃。加热时使用手持式红外线温度测量仪进行温度值的确定。

4．事先准备好冰块，对三极管的管壳进行逐渐冷却，测量低温时的电压值，然后用测量值在图 2—4—7 中绘出特性曲线。

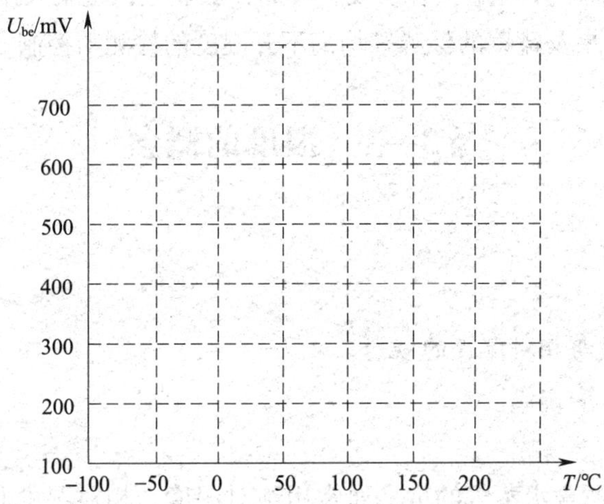

图 2—4—7　PN 结的电压—温度特性曲线

第三章 湿度传感器

随着现代工农业的发展及科技的进步，湿度的测量与控制已经成为生产和生活的一项重要任务。例如，纺织厂为了减少棉纱断头，车间要保持60%～70%的湿度；一些粉尘大的车间，因湿度小而产生静电，容易发生爆炸；农业上，蔬菜大棚、食用菌的培养要求湿度在40%以上，水果及蔬菜的保鲜等均离不开湿度的检测与控制。

§3—1 湿度的概念

学习目标

1. 掌握绝对湿度与相对湿度的概念。
2. 了解结露现象和露点。

湿度是指物质中所含水蒸气的量，通常用绝对湿度、相对湿度和露点来表示。目前，湿度传感器应用较多的是用来测量气体中水蒸气含量。

一、绝对湿度

地球表面的大气层是由78.1%的氮气、20.9%的氧气、0.93%的氩气、少量的二氧化碳、水蒸气以及一些惰性气体混合而成的。大气层中水蒸气的含量通常用水蒸气密度来表示，即每立方米大气中所含水蒸气的克数，称其为大气的绝对湿度（H_d），表达式为

$$H_d = \frac{m_V}{V}$$

式中 m_V——待测气体中的水蒸气质量（g）；

V——待测气体的总体积（m^3）。

绝对湿度的最大限度是饱和状态下的最高湿度，而所谓饱和状态是指在某一压力、温度下，大气中水蒸气含量的最大值。直接测量大气中的水蒸气含量是非常困难的，而且许多与大气湿度相关的现象，如有机物的发霉、人的干湿感觉等都与大气的绝对湿度关系不大。

二、相对湿度

相对湿度（RH）是指空气的绝对湿度与同温度和气压下的饱和状态空气绝对湿度比

值的百分数。这是一个无量纲量，其表达式为

$$\varphi = \frac{P_V}{P_W} \times 100\%$$

式中　P_V——某温度下待测气体的水蒸气分压；

P_W——与待测气体温度相同时水的饱和水蒸气压。

相对湿度可以准确说明空气的干湿程度。例如，在 20℃、一个大气压下，1 m^3 的大气中饱和状态时存在 17 g 的水蒸气，则绝对湿度为 17 g/m^3，相对湿度为 100% RH；相同条件下，如果绝对湿度为 8.5 g/m^3，则相对湿度为 50% RH，此时，若温度降至 10℃以下时，相对湿度又可能接近 100% RH。

三、露点

在一定的大气压下，降低温度可以使原先未饱和的水蒸气变成饱和水蒸气，从气态变成液态而凝结成露珠，这种现象称为结露，此时的温度称为露点。只要测量出露点就可以通过查表得到当时大气的绝对湿度。结露会严重影响电子仪器的正常工作，甚至还会造成漏电、击穿和短路，必须提高重视。

§3—2　湿敏电阻传感器

学习目标

1. 掌握湿敏电阻的结构、原理、特点及分类。
2. 熟悉湿敏电阻传感器的基本参数。
3. 能根据实际应用场合正确选用湿敏电阻传感器。

一、湿敏电阻的结构、原理及特点

1. 湿敏电阻的结构和原理

湿敏电阻一般以绝缘材料为基片，通过蒸发、涂覆等工艺将金属、半导体、高分子薄膜或粉末状颗粒制成薄膜，作为吸湿性物质，其结构示意图如图 3—2—1 所示。当空气中的水蒸气吸附在感湿层上后，两电极间的电阻值发生变化，这样直接将相对湿度的变化变换成电阻值的变化。

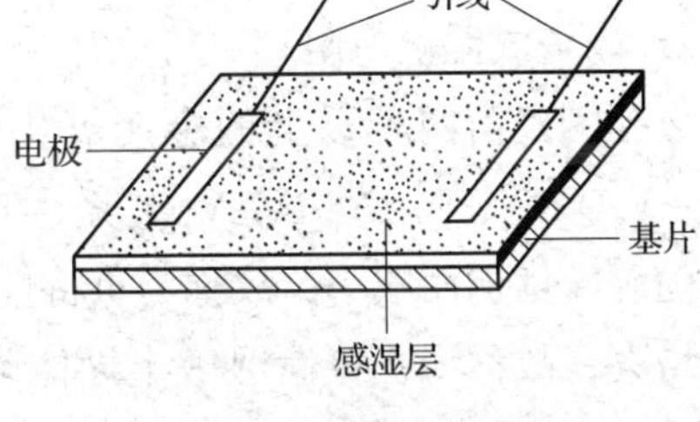

图 3—2—1　湿敏电阻结构示意图

2. 湿敏电阻的特点

(1) 灵敏度高，对温度的依存性小。

（2）工作范围宽，测量精度较高。

（3）湿滞回差小，重现性好。

（4）湿敏元件的线性度及抗污染性较差，因为在检测环境湿度时，湿敏元件要长期暴露在待测环境中，很容易被污染而影响其测量精度。

二、湿敏电阻的基本参数

1．湿度量程

湿度量程是指湿度传感器能够较精确测量的环境湿度的最大范围。

2．湿度灵敏度

湿度传感器的灵敏度即其感湿特性曲线的斜率。

3．湿滞特性

一个湿度传感器在吸湿和脱湿两种情况下的感湿特性曲线不相重复，一般可形成一回线，这种特性称为湿滞特性。

4．响应时间

它表示当环境湿度发生变化时，传感器完成吸湿或脱湿以及动态平衡过程所需时间的特性参数。

三、湿敏电阻的分类

根据使用感湿材料的不同，湿敏电阻可分为电解质式湿敏电阻、陶瓷式湿敏电阻和高分子式湿敏电阻。

1．电解质式湿敏电阻

电解质式湿敏电阻又称为氯化锂湿敏电阻，是利用吸湿性盐类潮解引起离子导电率变化而制成的测湿元件。

氯化锂（LiCl）通常与聚乙烯醇组成混合体，在其混合溶液中，Li 和 Cl 均以离子的形式存在，而 Li^+ 对水分子的吸引能力强，Li 离子水合程度高，其溶液中的 Li 离子导电能力与浓度成正比。将它放在被测气体中，当气体的湿度增大时，则氯化锂吸水量增加，导电性增强，电阻降低，反之，电阻增加。氯化锂湿敏电阻相对湿度—电阻特性曲线如图 3—2—2 所示。

2．陶瓷式湿敏电阻

多孔陶瓷由两种以上的金属氧化物半导体材料混合烧结而成，这些材料有 $ZnO-LiO_2-V_2O_5$ 系、$Si-Na_2O-V_2O_5$ 系、$TiO_2-MgO-Cr_2O_3$ 系和 Fe_3O_4 等，前三种材料的电阻率随湿度增加而减小，故称为负特性湿敏半导体陶瓷；最后一种材料的电阻率随湿度增加而增大，故称为正特性湿敏半导体陶瓷，其相对湿度—电阻特性曲线如图 3—2—3 所示。

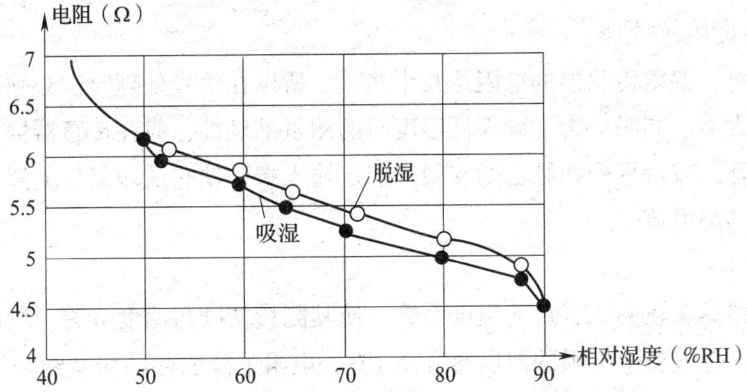

图 3—2—2　氯化锂湿敏电阻相对湿度—电阻特性曲线

3．高分子式湿敏电阻

高分子式湿敏元件主要使用了高分子固体电解质材料作为感湿膜，由于膜中存在可动离子而产生导电性。随着湿度增大，其电离作用增强，使可动离子的浓度增大，电极间的阻值减小。当湿度减小时电离作用也相应减弱，可动离子的浓度也减小，电极间的电阻值增大。这样，湿敏元件对水分子的吸附和释放情况可以从电极间电阻值的变化检测出来，从而得到相应的湿度值。

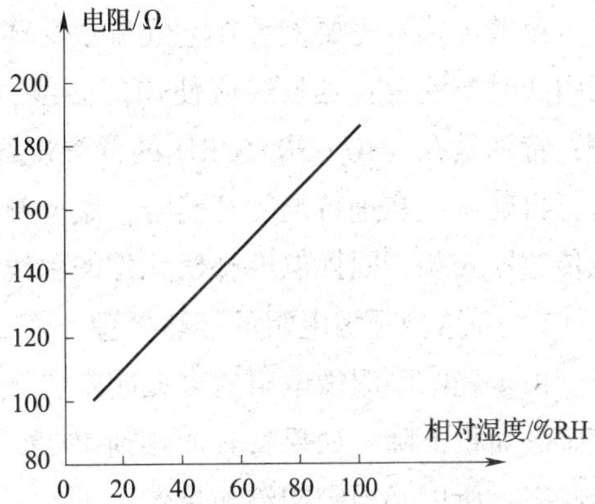

图 3—2—3　半导体陶瓷正湿敏特性

四、湿敏电阻的使用注意事项

1．供电电压要符合要求

湿敏传感器应使用交流电源供电。若湿敏传感器采用直流供电，会使湿敏材料极化，吸附的水分子电离，导致灵敏度降低，性能变坏；另外，电解质式湿敏传感器的电导是靠离子的移动实现的，在直流电源的作用下，正、负离子必然向电源两极运动，产生电解作用，使感湿层变薄甚至被破坏，而在交流电源作用下，正、负离子往返运动，不会产生电解作用，感湿膜不会被破坏。

由于交流电压的波形直接影响传感器的特性、寿命和可靠性，所以最理想的是选用失真较小的正弦交流电。所选择的正弦波要以 0 V 为中心对称，并且没有叠加直流偏置信号。

如果采用方波代替正弦波，也可以使湿敏传感器正常工作，但在使用时要注意须以 0 V 为中心对称，同样不能存在直流偏置电压，并且要使用占空比为 50% 的对称波形。

2. 低湿度时阻抗处理

在低湿度时，湿敏传感器的电阻达几十兆欧，所以在信号处理时，必须选用场效应管输入型运算放大器。同时，为了确保低湿度时的测量准确性，应在传感器信号输入端周围制作电路保护环，或者用聚四氟乙烯支架来固定输入端，使它从印制板上浮空，从而消除来自其他电路的漏电流。

3. 温度补偿

湿敏传感器具有正的或者负的温度系数，使其测量精度与温度有关，所以要进行温度补偿。例如，陶瓷式湿敏电阻的温度每升高1℃，电阻下降引起的误差约为1% RH。在实际应用中，通常使用负温度系数的热敏电阻作为温度补偿元件。

4. 传感器引线

湿敏传感器需要安装在空气流动的环境中，这样可以使其响应速度较快。延长传感器的引线时要注意：延长线应使用屏蔽线，最长距离不要超过1 m，裸露部分的引线尽量短；特别是在（10~20)% RH的低湿度区，由于受到的影响较大，必须对测量值和精度进行再确认；在进行温度补偿时，温度补偿元件的引线也要同时延长，使它尽可能靠近湿敏传感器安装，同样温度补偿元件的引线也要使用屏蔽线。

5. 烧结型湿敏电阻的加热处理

由于烧结型湿敏电阻的多孔陶瓷置于空气中，易被灰尘、油烟污染，从而堵塞气孔，使感湿面积下降。如果将其加热到400℃以上，就可使污物挥发或烧掉，使陶瓷恢复到初始状态，所以必须定期给加热丝通电。

另外，陶瓷式湿敏电阻吸湿快，而脱湿要慢许多，从而产生滞后现象，称为湿滞。当吸附的水分不能全部脱出时，会造成重现性误差及测量误差，这时可以用重新加热脱湿的方法来解决，即每次使用前应先加热1 min左右，待其冷却到室温后，方可进行测量。

五、湿敏电阻传感器的应用举例

1. 电桥测湿电路

电桥测湿电路框图如图3—2—4所示。振荡器对电路提供交流电源。电桥的一臂为湿度电阻传感器，由于湿度变化使湿度传感器的阻值发生变化，电桥失去平衡，产生信号输出。放大器把不平衡信号加以放大，整流器将交流信号变成直流信号，由直流毫安表显示。振荡器和放大器都由9 V直流电源供电。电桥法适合于电解质式湿敏传感器。

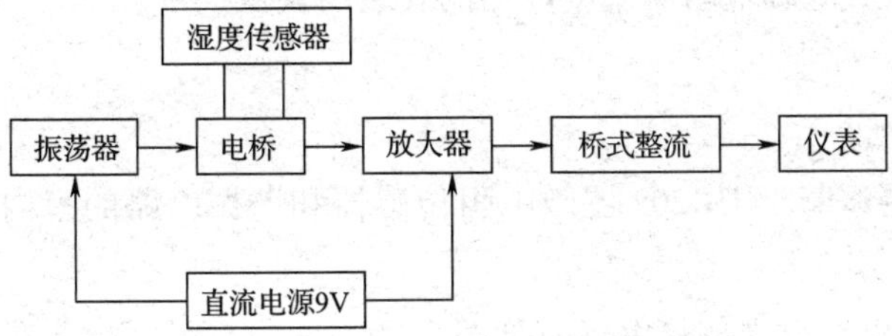

图 3—2—4　电桥测湿电路框图

2. 欧姆定律电路

陶瓷式湿敏电阻可以承受较大电流，所以欧姆定律电路选择陶瓷式湿敏电阻传感器。由于测湿电路可以获得较强信号，故可以省去电桥和放大器，用市电作为电源（用降压变压器降压即可）。其电路图如图 3—2—5 所示。

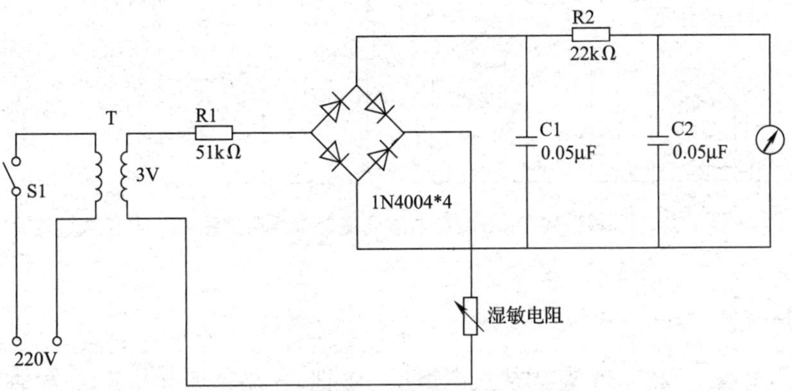

图 3—2—5　欧姆定律电路

此外，电解质式湿敏电阻测量精度高（±5%），但其耐热性差，不能用于露点以下的测量；高分子式湿敏电阻响应速度快、精度高、测湿范围广，但其耐老化和抗污染能力差，不能用于高湿环境；陶瓷式湿敏电阻的常温湿度传感器工作温度在 150℃以下，而高温湿度传感器的工作温度可达 800℃，因此，适合于高温和高湿环境中使用。

实训 1

基于 HR202 湿敏电阻传感器和谐振电路的室内湿度测量电路的应用

实训目的

1. 掌握 HR202 湿敏电阻的基本温度特性。
2. 掌握 HR202 湿敏电阻测湿度电路的组成及其工作原理。

3. 能完成 HR202 湿敏电阻测湿度电路的安装与调试。

实训内容

分析并安装、调试基于 HR202 湿敏电阻传感器和谐振电路的室内湿度测量电路（图 3—2—6）。

1. 分析实训给出的湿度测量电路原理图。

2. 根据原理图和所选择完成的元件对实训中的湿度测量电路进行焊接，并完成湿度控制功能的调试。

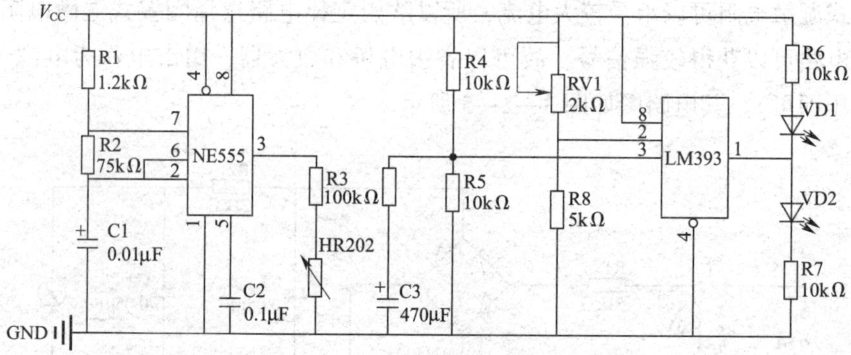

图 3—2—6　室内湿度测量电路原理图

实训设备与工具

万用表（1 块），25 ~ 35 W 内热式电烙铁（1 把），烙铁架（1 个），松香焊锡丝及小块松香适量，蘸湿的棉质擦布（1 块），焊接练习用电工工具，焊接练习用万用敷铜板（1 块），照明良好的焊接练习实验台。

实训步骤

一、分析测量电路

1. 湿敏电阻的选择

由于湿敏电阻本身既是测量元件，又是转换元件，其本身就可构成一个湿度传感器，因此，在构成并实施这样一个任务时，只需要将这种转换后电参数—阻值的变化加以利用，并变成有效的控制输出即可。

如图 3—2—7 所示为所选择的用于测量室内湿度的 HR202 湿敏电阻传感器。

图 3—2—7　HR202 湿敏电阻传感器

其基本电参数见表 3—2—1，特性曲线如图 3—2—8 所示。

表 3—2—1 HR202 湿敏电阻传感器的基本电参数

相对湿度	温度												
	0℃	5℃	10℃	15℃	20℃	25℃	30℃	35℃	40℃	45℃	50℃	55℃	60℃
20%RH				10 MΩ	6.7 MΩ	5.0 MΩ	3.9 MΩ	3.0 MΩ	2.4 MΩ	1.75 MΩ	1.45 MΩ	1.15 MΩ	970 kΩ
25%RH		10 MΩ	7.0 MΩ	5.0 MΩ	3.4 MΩ	2.6 MΩ	1.9 MΩ	1.5 MΩ	1.1 MΩ	880 kΩ	700 kΩ	560 kΩ	450 kΩ
30%RH	6.4 MΩ	4.6 MΩ	3.2 MΩ	2.3 MΩ	1.75 MΩ	1.3 MΩ	970 kΩ	740 kΩ	750 kΩ	420 kΩ	340 kΩ	270 kΩ	215 kΩ
35%RH	2.9 MΩ	2.1 MΩ	1.5 MΩ	1.1 MΩ	850 kΩ	630 kΩ	460 kΩ	380 kΩ	280 kΩ	210 kΩ	170 kΩ	150 kΩ	130 kΩ
40%RH	1.4 MΩ	1.0 MΩ	750 kΩ	540 kΩ	420 kΩ	310 kΩ	235 kΩ	190 kΩ	140 kΩ	110 kΩ	88 kΩ	70 kΩ	57 kΩ
45%RH	700 kΩ	500 kΩ	380 kΩ	280 kΩ	210 kΩ	160 kΩ	125 kΩ	100 kΩ	78 kΩ	64 kΩ	50 kΩ	41 kΩ	34 kΩ
50%RH	370 kΩ	260 kΩ	200 kΩ	150 kΩ	115 kΩ	87 kΩ	69 kΩ	56 kΩ	45 kΩ	38 kΩ	31 kΩ	25 kΩ	21 kΩ
55%RH	190 kΩ	140 kΩ	110 kΩ	84 kΩ	64 kΩ	49 kΩ	39 kΩ	33 kΩ	27 kΩ	24 kΩ	19.5 kΩ	17 kΩ	14 kΩ
60%RH	105 kΩ	80 kΩ	62 kΩ	50 kΩ	39 kΩ	31 kΩ	25 kΩ	20 kΩ	17.5 kΩ	15 kΩ	13 kΩ	11 kΩ	9.5 kΩ
65%RH	62 kΩ	48 kΩ	37 kΩ	30 kΩ	24 kΩ	19.5 kΩ	16 kΩ	13 kΩ	11.5 kΩ	10 kΩ	8.5 kΩ	7.6 kΩ	6.8 kΩ
70%RH	38 kΩ	30 kΩ	24 kΩ	19 kΩ	15.5 kΩ	13 kΩ	10.5 kΩ	9.0 kΩ	8.0 kΩ	7.0 kΩ	6.0 kΩ	5.4 kΩ	4.8 kΩ
75%RH	23 kΩ	18 kΩ	15 kΩ	12 kΩ	10 kΩ	8.4 kΩ	7.2 kΩ	6.2 kΩ	5.6 kΩ	4.9 kΩ	4.2 kΩ	3.8 kΩ	3.4 kΩ
80%RH	15.5 kΩ	12.0 kΩ	10.0 kΩ	8.0 kΩ	7.0 kΩ	5.7 kΩ	5.0 kΩ	4.3 kΩ	3.9 kΩ	3.4 kΩ	3.0 kΩ	2.7 kΩ	2.5 kΩ
85%RH	10.5 kΩ	8.2 kΩ	6.8 kΩ	5.5 kΩ	4.8 kΩ	4.0 kΩ	3.5 kΩ	3.1 kΩ	2.8 kΩ	2.4 kΩ	2.1 kΩ	1.9 kΩ	1.8 kΩ
90%RH	7.1 kΩ	5.3 kΩ	4.7 kΩ	4.0 kΩ	3.3 kΩ	2.8 kΩ	2.5 kΩ	2.2 kΩ	2.0 kΩ	1.8 kΩ	1.55 kΩ	1.4 kΩ	1.3 kΩ

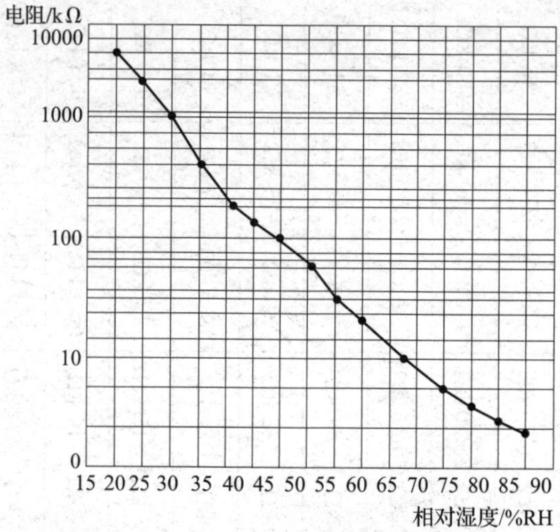

图 3—2—8　HR202 湿敏电阻传感器特性曲线

2．传感器电源的选择

电解质湿度传感器的电导是靠离子的移动实现的，在直流电源作用下，正、负离子必然向电源两极运动，产生电解作用，使感湿层变薄甚至被破坏；在交流电源作用下，正、负离子往返运动，不会产生电解作用，感湿膜不会被破坏。因此，采用 NE555 产生 1 kHz 的方波作为传感器的信号源。

3．湿度测量原理及监测过程分析

HR202 湿敏电阻传感器电阻阻值随着湿度的增大而减小，电阻与电压成正比，因此，当周围湿度增大时电压减小，湿度减小时电压增大，通过与 RV1 的电压比较，发光二极管 VD1、VD2 亮或灭。

（1）正常情况下，即传感器湿度处于干湿正常的情况下，调节 RV1 电阻使得两个二极管处于亮、灭的临界点并使 VD1 先亮，即湿度校准表示湿度正常。

（2）当对 HR202 逐渐加湿时，由于湿度升高，湿敏电阻阻值减小，两端电压减小，此时 VD2 亮、VD1 灭，表示湿度增加。

（3）当对 HR202 逐渐烘干时，由于湿度减小，湿敏电阻阻值增大，两端电压增大，此时 VD1 亮、VD2 灭，表示湿度降低。

二、电路的安装与调试

1．按表 3—2—2 的元器件清单准备电路元器件。

2．按照图 3—2—6 中标定的电路元件规格型号进行图纸和元件的熟悉和认知。

3．根据电路原理图对所用元器件在练习板上进行位置布局。

4．使用电烙铁焊接工艺完成湿度控制电路板的安装。

表 3—2—2　　元器件清单

元器件名称	规格型号	数量	备注
IC	NE555	1	
LM393	—	1	
发光二极管 VD1、VD2	$\phi 3$	2	红，绿
碳膜电阻 R1	1.2 kΩ	1	
碳膜电阻 R2	75 kΩ	1	
碳膜电阻 R3	100 kΩ	1	
碳膜电阻 R4 ~ R7	10 kΩ	4	
可调电阻 RV1	2 kΩ	1	
电解电容 C1	0.01 μF/6.3 V	1	
瓷片电容 C2	0.1 μF	1	
电解电容 C3	470 μF/10 V	1	
湿敏电阻	HR202	1	

5. 检查无误后进入通电调试过程。

（1）模拟正常状态

一上电，由于 RV1 的 2 kΩ 值处于调节端上端，此时 VD1 亮、VD2 灭；把可调电阻逐渐向下调节，当 VD2 亮、VD1 灭时，达到临界点，微调 RV1 使 VD1 亮、VD2 灭，调零完成。

（2）模拟室内过湿状态

用加湿器往传感器芯片上加湿，模拟室内湿度过高过程。加湿过程中注意观察 VD1、VD2 的亮灭情况。

（3）模拟室内干燥状态

用烘干机在传感器芯片上除湿，模拟室内湿度过低过程。干燥过程中注意观察 VD1、VD2 的亮灭情况。

（4）根据调试过程写出电路调试结论。

§3—3　湿敏电容传感器

学习目标

1. 掌握湿敏电容的结构、原理、特点及分类。
2. 熟悉湿敏电容传感器的基本参数。

3. 能根据实际应用场合正确选用湿敏电阻。

一、湿敏电容的结构、原理及特点

1. 湿敏电容的结构和原理

湿敏电容是指利用具有较大吸湿性的绝缘材料作为电容传感器的介质，在其两侧镀上多孔性电极的电容。由物理学可知，由平行板组成的平行板电容器，如果忽略边缘效应，其电容量为

$$C = \frac{\varepsilon A}{d} = \frac{\varepsilon_0 \varepsilon_r A}{d}$$

式中 A——两极板相互对应的面积（m^2）；

d——两极板的距离（m）；

ε——两极板间介质的介电常数；

ε_0——真空的介电常数，$\varepsilon_0 = 8.85 \times 10^{-12}$ F/m；

ε_r——两极板间介质的相对介电常数。

由上式可知，在 A、d、ε 三个参量中，改变其中任意一个量，均可使电容量 C 改变。因此，当相对湿度增大时，湿敏电容中的吸湿性介质吸收空气中的水蒸气，使两块电极之间的介质相对介电常数大为增加，电容量增大。

2. 湿敏电容的特点

湿敏电容的优点是灵敏度高，产品互换性好，响应速度快，湿度的滞后量小，便于制造，容易实现小型化和集成化。但其精度一般比湿敏电阻要低一些，不宜用于含有机溶媒气体的环境中。以 Humirel 公司生产的 HS1100 型湿敏电容为例，其测量范围为（1 ~ 99）% RH，在 55% RH 时的电容量为 180 pF（典型值）。当相对湿度从 0 变化到 100% 时，电容量的变化范围为 163 ~ 202 pF。温度系数为 0.04 pF/℃，湿度滞后量为 ±1.5%，响应时间为 5 s。

二、湿敏电容的分类及应用场合

根据吸湿性介质的不同，成品湿敏电容分为两种：一种是多孔性氧化铝湿敏电容，另一种是高分子吸湿膜湿敏电容。

1. 多孔性氧化铝湿敏电容

由于多孔性氧化铝可以吸附及释放水分子，所以其电容量将随空气相对湿度增大而升高，与此同时，其漏电电阻随湿度的增大而降低，形成介质损耗很大的电容器。多孔性氧化铝湿敏电容结构示意图如图 3—3—1 所示。

多孔性氧化铝湿敏电容传感器具有良好的低湿度感湿特性、独特的形成机制和感湿机理，在工业中应用比较广泛。但其在尘埃环境下细孔容易被封堵导致元件失效，一般采用

通电除尘的方法处理，但效果不够理想；在易燃易爆环境下不能使用；感湿材料具有表面结构天然老化的缺点，阻抗不稳定。

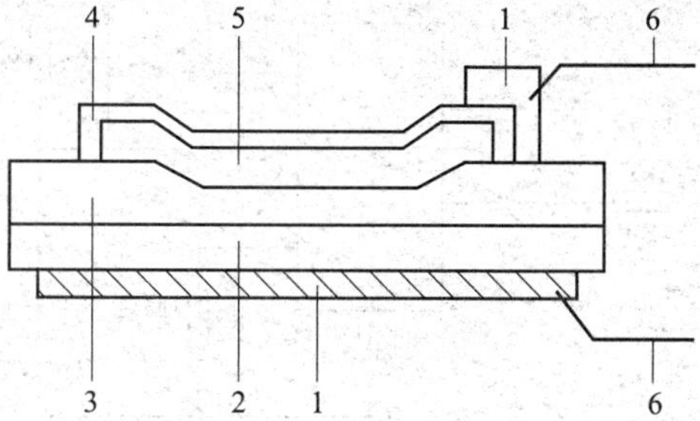

图3—3—1　多孔性氧化铝湿敏电容结构示意图

1—铝电极；2—单晶硅基底；3—绝缘膜；4—多孔金电极；5—稀释层；6—引线

2. 高分子吸湿膜湿敏电容

高分子吸湿膜湿敏电容传感器在基片上有一层梳状金电极作为下电极，在其上面涂有高分子感湿膜，在感湿膜上方镀有一层透水性好的金属膜作为上电极。高分子电容传感器就是通过感湿膜在环境中吸附水分子时使介电常数发生改变，以此来测量相对湿度的，其电容的变化量与相对湿度成正比。常用的高分子材料有聚苯乙烯、聚酰亚胺、醋酸纤维等。

高分子吸湿膜湿敏电容传感器线性度好、精度高、体积小，响应速度快，适合要求较高的场合，如气象、航空航天、国防工程、医疗卫生等各个领域的湿度测量和控制。

实训 2

基于 HS1101 湿敏电容传感器的车厢湿度测量电路的应用

实训目的

1. 掌握 HS1101 湿敏电容传感器的湿敏特性。
2. 掌握 HS1101 湿敏电容传感器湿度测量电路的组成及其工作原理。
3. 能完成 HS1101 湿敏电容传感器湿度测量电路的安装与调试。

实训内容

分析并安装、调试基于 HS1101 湿敏电容传感器的湿度测量电路（图 3—3—2）。

1. 分析实训给出的湿度测量电路原理图。
2. 根据原理图和所选择完成的元件对实训中的湿度测量电路进行焊接，并完成湿度控制功能的调试。

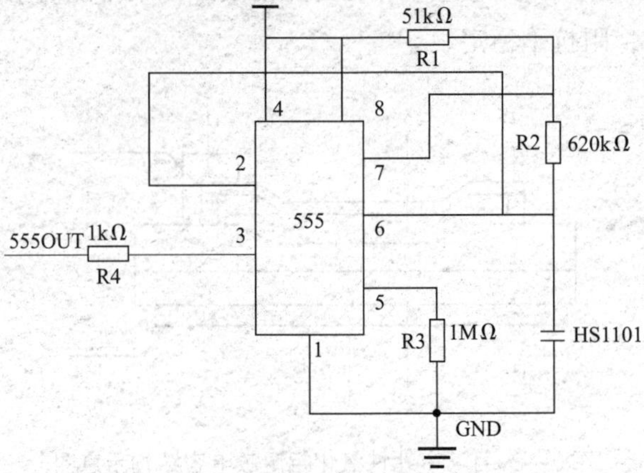

图 3—3—2　车厢湿度测量电路原理图

实训设备与工具

万用表（1 块），25 ~ 35 W 内热式电烙铁（1 把），烙铁架（1 个），松香焊锡丝及小块松香适量，蘸湿的棉质擦布（1 块），焊接练习用电工工具，焊接练习用万用敷铜板（1 块），照明良好的焊接练习实验台。

实训步骤

湿度测量电路主要包括湿度数据采集和频率输出两部分，HS1101 作为可变湿敏电容接入 555 中，将电容量的变化转换为与之成反比的电压频率信号，再通过示波器进行显示，其工作流程如图 3—3—3 所示。

图 3—3—3　车厢湿度测量工作流程

一、分析测量电路

图 3—3—2 中 555 芯片外接电阻 R1 和 R2，构成对 HS1101 的充电回路。7 脚通过芯片内部的晶体管对地短路实现对 HS1101 的放电。2 脚和 6 脚相连，并引入到片内比较器构成一个多谐振荡器。R4 是防止短路的保护电阻。

图 3—3—4　HS1101 湿敏电容传感器

1．HS1101 湿敏电容传感器

HS1101 湿敏电容传感器在电路中等效为一个电容器 C，其电容随所测空气湿度的增加而增大，在相对湿度为（0 ~ 99）% RH

的范围内，容量在 160～200 pF 变化，响应时间小于 5 s，其外形如图 3—3—4 所示。

HS1101 湿敏电容传感器的基本电参数见表 3—3—1，特性曲线如图3—3—5 所示。

表 3—3—1　　HS1101 湿敏电容传感器的基本电参数

特征参数（$T=25℃$）	符号	Min	Typ	Max	单位
湿度测量范围	RH	1%		99%	
供电电压	V_S		5	10	V
标称电容（55% RH）	C	177	180	183	pF
温度效应	T_{CC}		0.04		pF/℃
平均灵敏度（33～75）% RH	ΔC/% RH		0.34		pF/% RH
漏电流	I_x			1	nA
恢复时间（150 h 结露）	t_r		10		s
迟滞			±1.5		%
长时间稳定性			0.5		% RH/yr
反应时间	t_a		5		s
曲线精度（10%～90%）			±2		% RH

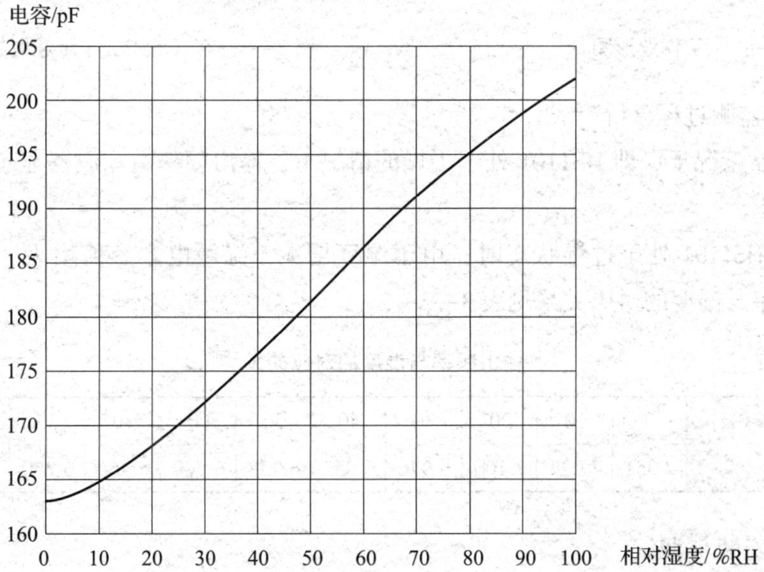

图 3—3—5　HS1101 湿敏电容传感器特性曲线

2. 555频率输出电路

接通电源后，V_{CC}通过电阻R1和R2对HS1101充电，输出高电平，充至电容电压$u_C=\frac{2}{3}V_{CC}$时，达到上限电压，此时555的引脚3由高电平变为低电平，然后HS1101通过R2放电；当电容电压$u_C=\frac{1}{3}V_{CC}$时，引脚3变为高电平，电容又开始充电。重复以上过程，获得方波输出，如图3—3—6所示，其振荡周期为

$$T=t_1+t_2\approx 0.7\ (R_1+2R_2)\ C$$

$$f=1/T=\frac{1}{0.7\ (R_1+2R_2)\ C}$$

3. 示波器DS2202a

DS2202a是数字式示波器，模拟带宽200 MHz，通道数2个，最高实时采样率2GSa/s，其外形图如图3—3—7所示。

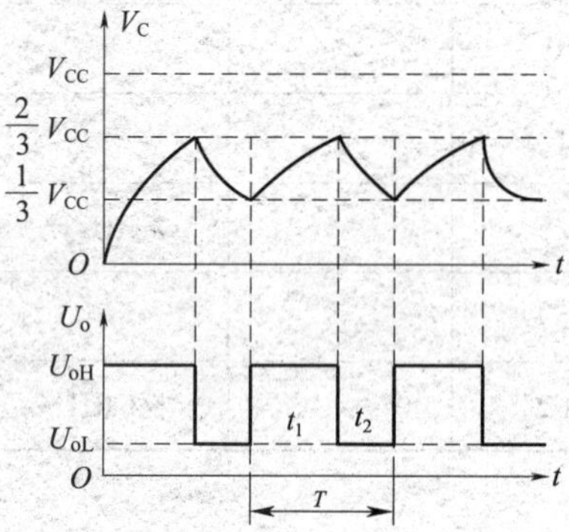

图3—3—6　工作波形图

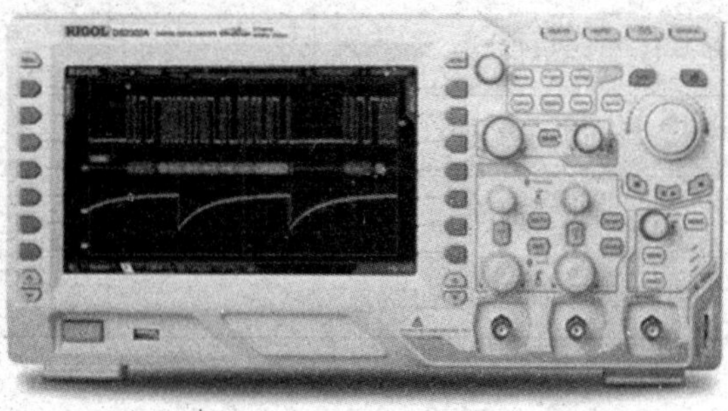

图3—3—7　DS2202a示波器外形图

4. 湿度监测过程分析

(1) 正常情况下，即HS1101处于干燥的情况下，输出频率由示波器显示，提示湿度处于正常范围。

(2) 当HS1101处于过湿状态时，由于湿度增大，湿敏电容容值增大，输出频率减小。输出频率与湿度的对应关系见表3—3—2。

表3—3—2　　输出频率与湿度的对应关系

相对湿度（%RH）	0	10	20	30	40	50	60	70	80	90	100
f（Hz）	7 351	7 224	7 100	6 976	6 853	6 728	6 600	6 468	6 330	6 186	6 033

二、电路的安装与调试

1. 按表3—3—3的元器件清单准备电路元器件。

表 3—3—3　　元器件清单

元器件名称	规格型号	数量	备注
IC	NE555	1	
碳膜电阻 R1	51 kΩ	1	
碳膜电阻 R2	620 kΩ	1	
碳膜电阻 R3	1 MΩ	1	
碳膜电阻 R4	1 kΩ	1	
湿敏电容传感器	HS1101	1	
数字示波器	DS2202a	1	

2. 按照图 3—3—2 中标定的电路元件规格型号进行图纸和元件的熟悉和认知。

3. 根据电路原理图对所用元器件在练习板上进行位置布局。

4. 使用电烙铁焊接工艺完成湿度控制电路板的安装。

5. 检查无误后将输出信号 555 的引脚 3 与示波器通道 CH1 相连接，打开示波器，选择“Auto”按钮进行自动调试显示过程。

6. 根据调试过程写出电路调试结论。

第四章　力敏传感器

力敏传感器是使用很广泛的一种传感器。它是生产过程中自动化检测的重要部件，主要用于两个方面：测力和称重。例如，民用电子秤中对物品称重就用到了应变电阻传感器，它是力敏传感器中的一类。在应变电阻传感器中，实现非电物理量到电量转换的元件是电阻应变片。现在，各种电阻应变片和应变电阻传感器的品种及规格已达数万种之多。

§4—1　应变电阻传感器

学习目标

1. 掌握电阻应变片的结构、原理、特点及分类。
2. 熟悉电阻应变片的基本参数。
3. 熟悉应变电阻传感器转换电路。
4. 能根据实际应用场合正确选用电阻应变片。

一、电阻应变片的结构、原理、特点及分类

1. 电阻应变片的结构和原理

电阻应变片的工作原理是利用了导体或半导体材料的电阻应变效应，即导体或半导体材料在外力作用下，会产生机械变形，其电阻值也将随着机械变形发生变化的现象。以金属丝应变片为例，在金属丝的弹性变形范围内，当金属丝受外力作用时，其长度和截面积都会发生变化。当金属丝受外力作用而伸长时，其长度增加，截面积减小，电阻值增大；当金属丝受外力作用而压缩时，其长度减小，截面积增大，电阻值减小。使用时将应变片贴在被测物体（试件）上，使其随着试件的应变一起伸缩，这样应变片里面的金属材料就随着外界的应变伸长或缩短，其阻值也相应地变化。应变片利用应变效应，通过测量电阻的变化而对应变进行测量。

如图 4—1—1a 所示的是金属丝应变片结构示意图。它由敏感栅、基底、覆盖绝缘层和引出线组成。图 4—1—1b 中 l 为应变片标距或基长，b 为应变片基宽，$l \times b$ 为应变片使用面积。

实验证明，一般金属丝应变片的电阻变化率与轴向应变成正比，即

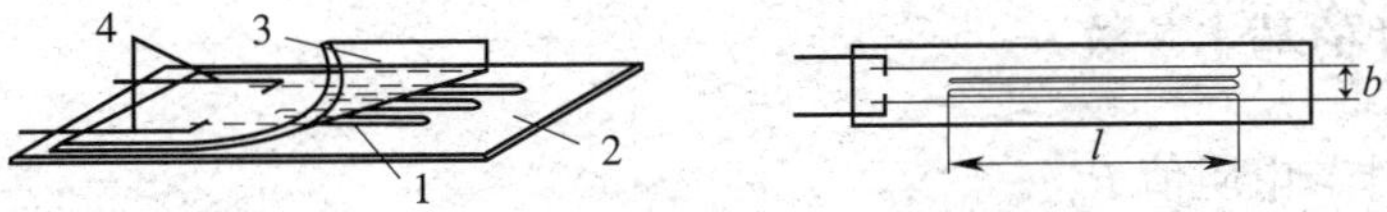

图 4—1—1　金属丝应变片结构示意图

1—敏感栅；2—基底；3—覆盖绝缘层；4—引出线

$$\frac{\Delta R}{R}=K\varepsilon$$

式中　R——应变片原电阻值（Ω）；

ΔR——伸长或压缩所引起的电阻变化值（Ω）；

K——比例常数（应变片的灵敏系数）；

$\varepsilon=\frac{\Delta l}{l}$——金属丝轴向应变（$l$ 为金属丝长度，单位为 m；Δl 为金属丝长度的相对变化）。

应变分为拉伸和压缩两种，可用 ε 正负号加以区别：金属丝受到拉伸将产生正应变（+），电阻值线性增大；受到压缩将产生负应变（－），电阻值线性减小。

2. 电阻应变片的特点和分类

应变片分为金属应变片及半导体应变片两大类，金属应变片又按敏感栅的形式分成丝式、箔式和薄膜式三种，其特点见表 4—1—1。

表 4—1—1　　金属应变片的特点

名称	特　点
丝式	制造简单、价格便宜、性能稳定、易于粘贴，但蠕变较大，金属丝易脱胶，现已逐渐被箔式所取代，多用于大批量、一次性试验
箔式	表面积与截面积之比大，散热条件好，允许通过较大电流，从而增大输出信号，提高灵敏度；可根据测量需要制成任意形状，在制造工艺上能保证敏感栅尺寸准确，线条均匀；具有较好的挠度，有利于粘贴及应变的传递；易加工，适于批量生产
薄膜式	应变灵敏系数大，允许电流密度大，工作范围广，易实现工业化生产，但难以控制电阻与温度和时间的变化关系，是一种很有应用前景的新型应变片

半导体应变片是用半导体材料制成敏感栅的应变片，使用时，它与金属电阻应变片一样，利用应变胶粘贴在测试件上。目前，半导体应变片使用最多的材料是单晶硅半导体。半导体应变片具有灵敏度高、动态响应好、准确度高、易于微型化和集成化等特点，其应用广泛，并逐渐成为受到人们普遍关注并重点开发的新型传感器。

二、电阻应变片的基本参数

1．几何尺寸与电阻值 R_0

应变片几何尺寸有应变片标距或基长 l，应变片基宽 b，应变片使用面积 $l \times b$。一般厂家生产的应变片标距都有一个系列值，最小为 0.2 mm，最长为 300 mm。应变片并不是越小越好，当其工作面积小时，有利于减小传感器体积及选择贴片位置，但不利于散热。因此，应根据需要选择应变片的几何尺寸。

电阻值 R_0 又称为初始电阻值，是指应变片在未粘贴及未受外力作用时，在室温（20℃）下所测得的电阻值。国家标准中定型生产的应变片电阻值有一个系列值：60 Ω、120 Ω、350 Ω、600 Ω、700 Ω 和 1 000 Ω 等。应变片的规格用使用面积和电阻值表示，如：(3×10) mm^2，120 Ω。电阻值越大的应变片，允许工作电压越大，传感器的输出电压也相应增大，敏感栅尺寸也增大，灵敏度高。在条件允许的情况下，应尽量选择高阻值应变片。

2．应变片的灵敏系数

应变片的灵敏系数（也称灵敏度）需通过实验测定。因应变片粘贴到测试件上后不能取下再用，所以只能在应变片出厂时从每批产品中抽样测定其灵敏度。

应变片灵敏度的测定是在特定的实验装置上进行的，测试件材料规定为泊松系数 $\mu_0 = 0.285$ 的钢，一批产品中只能抽样 5% 的产品来测定，取平均值及允许公差值作为该批产品的灵敏系数，又称“标称灵敏系数”。

3．应变片允许工作电流

应变片允许工作电流指应变片在不因电流产生热量而影响测量精度的情况下所允许通过的最大电流。实际应用中，电阻应变片须接入测量转换电路，这时就有工作电流通过应变片。工作电流越大，输出信号也越大，因而灵敏度高。但工作电流过大会使应变片过热，使灵敏度发生变化，甚至烧毁应变片。为保证精度，在静态测量时，允许电流一般为 25 mA；动态测量时，允许电流可以达到 75 ~ 100 mA，箔式应变片允许电流则更大。

4．应变极限

应变极限是指在恒温条件下，应变片的指示应变值和真实应变的相对差值不超过规定值（一般为 10%）时的最大真实应变值。应变极限是衡量应变片测量最大范围和过载能力的指标。通常要求应变极限大于或等于 8 000 微应变。

5．横向效应

粘贴在受单向拉伸力试件上的应变片，其敏感栅是由多条直线和圆弧部分组成。这时，各直线段上的金属丝只感受沿轴向拉应变，电阻值将增加，但在圆弧段上的应变却并非和直线段上的一样，而是在垂直方向上产生压应变，因此，该段的电阻值将减小。由此可见，将直的电阻丝绕成敏感栅之后，虽然长度相同，但应变状态不同，其灵敏系数降低了，这种现象称为横向效应。

三、电阻应变片的选用

1．电阻应变片的选择

（1）应变片结构形式的选择

应根据应变测量的目的，被测试件的材料、应力状态以及测量精度选择应变片的结构形式。对于测试点应力状态是一维应力的结构，可以选用单轴应变片；已经知道主应力方向的二维应力结构，可以使用直角应变片，并使其中一条应变栅与主应力方向一致；如果主应力方向未知，就必须使用三栅或四栅的应变片。对于构成应变电阻传感器来说，应变片的结构形式主要取决于弹性元件的结构，如柱式、板环、双孔平行梁等弹性元件，应变片均采用单轴应变片；剪切桥式、轮辐式、剪切悬臂式、三梁剪切式弹性元件，一般使用双轴45°应变片；平膜片压力传感器多采用全桥圆形应变片。

（2）应变片使用温度的选择

使用环境温度对应变片的影响很大，应根据使用温度选用符合要求的应变片。一般康铜合金的最高使用温度为300℃，卡玛合金为450℃，铁镍铝合金可以达到700～1 000℃。国家标准中规定的常温应变片使用温度为－30～＋60℃，常温应变片一般采用康铜制造；由于基底材料和粘接剂的限制，目前中温箔式电阻应变片一般都使用卡玛合金制作（200～250℃）；工作温度大于350℃的高温应变片则采用金属基底。

（3）电阻值的选择

根据测量电路或仪器选定应变片的标称阻值。目前，传感器生产中大多选用350 Ω的应变片，但是由于大阻值应变片具有通过电流小、自热引起的温升低、持续工作时间长、动态测量信噪比高等优点，应用越来越广，在不考虑价格因素的前提下，尽量使用大阻值应变片来提高传感器精度。

（4）应变片尺寸的选择

选择应变片尺寸时应考虑应力分布、动/静态测量、弹性体应变区大小等因素。若被测试件材质均匀、应力梯度大，应选用栅长小的应变片；若材质不均匀且强度不等的材料（如混凝土），或应力分布变化比较缓慢的构件，应选用栅长大的应变片；对于冲击载荷或高频动荷作用下的应变测量，还要考虑应变片的响应频率。一般来说，应变片栅长越小，测量精度越高，越能正确反映出被测量点的真实应变，因此，在加工精度可以保证的情况下，综合考虑各种因素影响，应变片的栅长小一些比大一些好。

2．电阻应变片的应用举例

应变式加速度传感器的外形和结构示意图如图4—1—2所示。当壳体与被测物体一起做加速度运动时，由于质量块的惯性使悬臂梁发生弯曲变形，粘贴在悬臂梁上的应变片随之发生形变，其阻值发生相应变化，通过测量其阻值变化可求出待测物体的加速度。

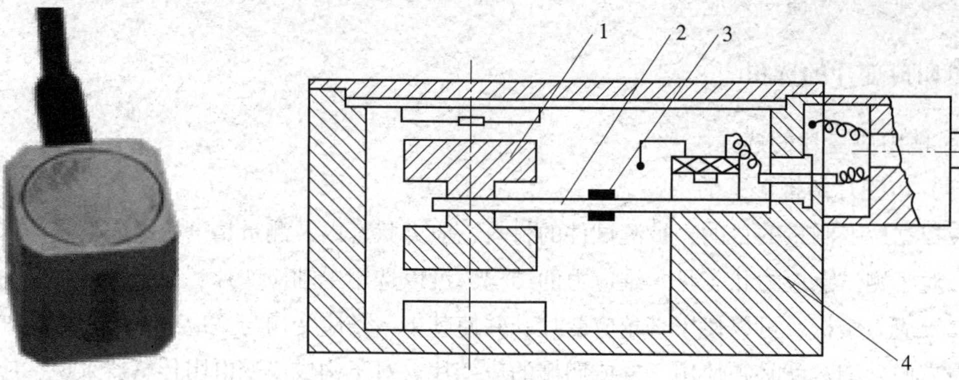

a） b）

图 4—1—2 应变式加速度传感器的外形和结构示意图

a）外形 b）结构示意图

1—质量块；2—弹性悬臂梁；3—应变片；4—机座外壳

四、转换电路

应变电阻传感器主要由电阻应变片和测量转换电路等组成。用电阻应变片测试应变时，将应变片粘贴在试件表面。当试件受力变形后，应变片上的敏感栅也随之变形，从而使应变片电阻值发生变化。但应变片阻值变化较小，为了方便显示或记录，还要把电阻的变化转换为电压或电流的变化，通常采用电桥电路测量微小阻值变化。

如图 4—1—3a 所示为四臂直流电桥电路。电桥的一个对角线结点接入电源电压 U，另一对角线结点为输出电压 U_o。当四个桥臂的初始电阻满足 $R_1/R_2=R_3/R_4$ 时，桥路输出电压 U_o 为零，即桥路平衡。当应变电阻阻值发生变化时，电桥的输出电压 U_o 可以用下式近似表示：

$$U_o=\frac{U}{4}\left(\frac{\Delta R_1}{R_1}-\frac{\Delta R_2}{R_2}-\frac{\Delta R_3}{R_3}+\frac{\Delta R_4}{R_4}\right)$$

由于 $\Delta R/R=K\varepsilon$，当各桥臂应变片的灵敏度 K 都相同时，有

$$U_o=\frac{U}{4}K\ (\varepsilon_1-\varepsilon_2-\varepsilon_3+\varepsilon_4)$$

为了满足不同的要求，应变电桥电路有三种不同的工作方式：单臂半桥电桥电路、双臂半桥电桥电路和四臂全桥电桥电路。如图 4—1—3b 所示为单臂半桥电桥电路，电桥中 R1 为应变片，其余各桥臂电阻为固定电阻；如图 4—1—3c 所示为双臂半桥电桥电路，电桥中 R1、R2 为应变片，其余各桥臂电阻为固定电阻；如图 4—1—3d 所示为四臂全桥电桥电路，电桥中一共有四片应变片。

当应变片电阻发生变化时，电桥的输出电压 U_o 随之发生改变，而应变片的电阻变化

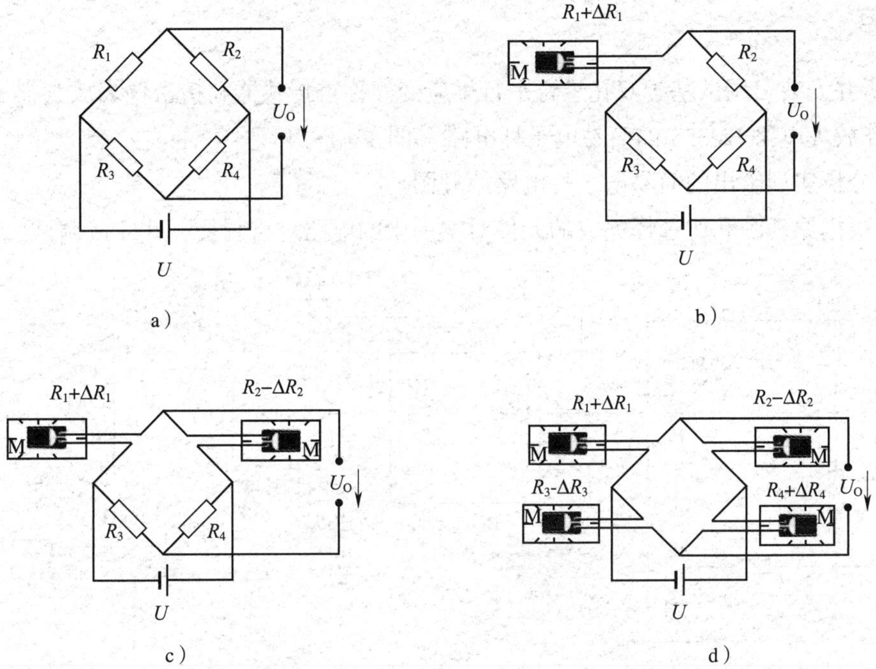

图 4—1—3　电桥电路

a）四臂直流电桥电路　b）单臂半桥电桥电路　c）双臂半桥电桥电路　d）四臂全桥电桥电路

率与轴向应变 ε 成正比，则电桥的输出电压 U_o 与轴向应变 ε 成正比。因此，如果测出电桥的输出电压就可以计算出应变 ε 的大小，由于应变片所受应力与轴向应变 ε 也成正比，进而可推算出应变片所受应力的大小。

上述三种工作方式中，四臂全桥电桥电路灵敏度最高，双臂半桥次之，单臂半桥灵敏度最低。同时，双臂半桥或四臂全桥的另一好处是可以将应变片的温度误差和非线性误差相互抵消，提高测量精度。

实训 1

基于称重传感器的简易电子秤电路的应用

实训目的

1. 掌握应变片的基本特性。
2. 掌握基于称重传感器的简易电子秤电路组成及其工作原理。
3. 能完成基于称重传感器的简易电子秤电路的安装与调试。

实训内容

分析并安装、调试基于双孔悬臂平行梁应变式称重传感器和精密仪表放大器 INA118、通用运算放大电路 LM358 的简易电子秤电路（图 4—1—4）。

1. 分析实训给出的简易电子秤电路原理图。
2. 根据原理图和所选择完成的元件对实训中的电路进行焊接，并完成调试。

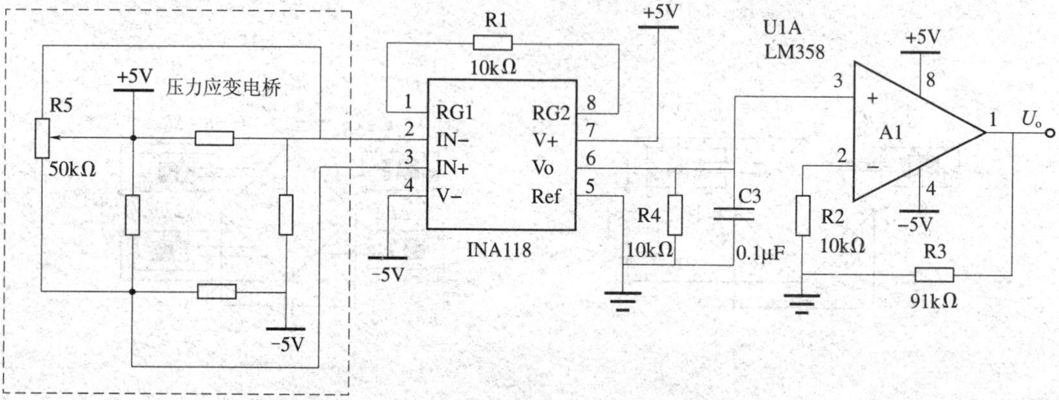

图 4—1—4　简易电子秤电路原理图

实训设备与工具

万用表（1 块），25 ~ 35 W 内热式电烙铁（1 把），烙铁架（1 个），松香焊锡丝及小块松香适量，蘸湿的棉质擦布（1 块），焊接练习用电工工具，焊接练习用万用敷铜板（1 块），照明良好的焊接练习实验台。

实训步骤

一、分析测量电路

1. 双孔悬臂平行梁应变式称重传感器

实验电子秤、邮政电子秤、厨房电子秤等民用电子秤一般选用双孔悬臂平行梁应变式称重传感器。它具有精度高，易加工，结构简单、紧凑，抗偏载能力强，固有频率高等优点，其外形如图 4—1—5 所示。双孔悬臂平行梁是一端固定、一端自由的弹性敏感元件，应变片粘贴到平行梁上，如图 4—1—6 所示。

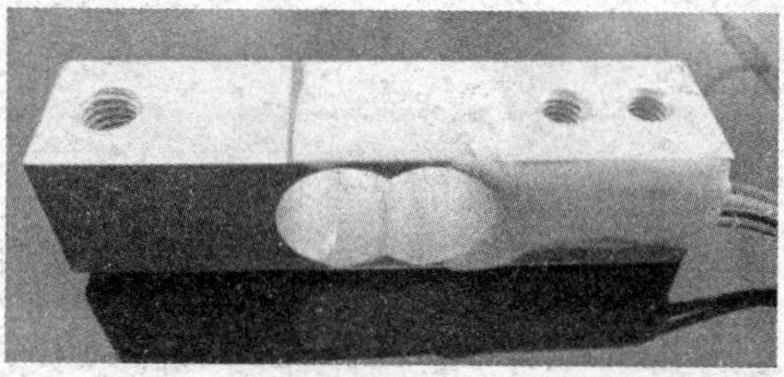

图 4—1—5　双孔悬臂平行梁应变式称重传感器

当外部砝码质量改变，力以图示的方向作用于平行梁末端时，弹性体发生变形，应变片随之产生相应的应变。将应变片接成如图 4—1—7 所示的桥式电路，力所引起的电阻的变化转化成电压输出，测量电桥输出电压与力 F 成正比。

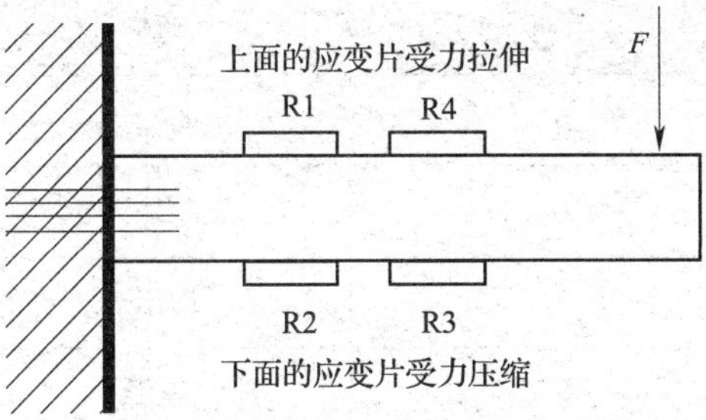

图 4—1—6　应变片受力工作原理分析

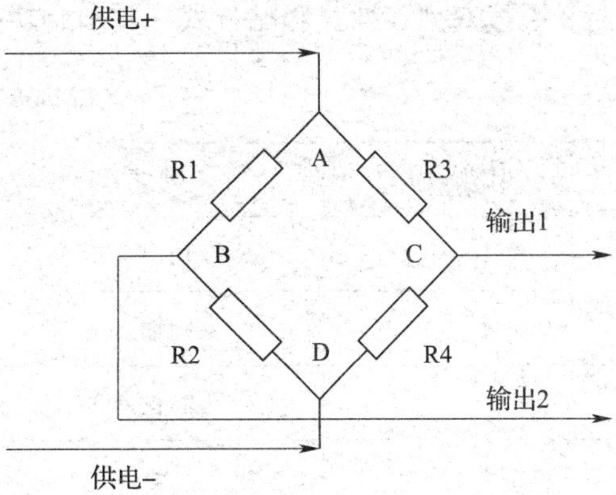

图 4—1—7　桥式测量转换电路

2．精密仪表放大器 INA118

INA118 是美国 BB 公司生产的精密仪表放大器系列中的一种，它具有精度高、功耗低、共模抑制比高和工作频带宽等优点，适合对各种微小信号进行放大。INA118 独特的电流反馈结构使得它在较高的增益下也能保持很高的频带宽度（$G = 100$ 时带宽为 70 kHz）。在工业现场，设计人员需要把不同频率、不同大小的脉冲信号通过放大和整形，再由光耦隔离电路将信号送往数字电路进行处理。由于现场存在各种干扰，尤其是共模干扰比较严重，所以普通单端运算放大器无法对信号进行准确的放大，而 INA118 作为精度高、频带宽、共模抑制比高的新型仪表放大器，很适合用来完成信号放大的任务。INA118 的引脚功能见表 4—1—2。

表 4—1—2　INA118 引脚功能

引脚	符号	功能
3、2	IN +、IN −	输入信号
1、8	RG1、RG2	用来外接增益电阻
7、4	V +、V −	芯片正、负电源输入引脚
5	Ref	放大器输入参考引脚
6	Vo	放大器输出引脚

3．通用运算放大器 LM358

LM358 内部包括两个独立的、高增益且采用内部频率补偿的运算放大器，适合于电源电压范围很宽的单电源使用，也适用于双电源工作模式。在推荐的工作条件下，电源电流与电压无关。它的使用范围包括传感放大器、直流增益模块、音频放大器、工业控制、DC 增益部件和其他所有可用单电源供电的使用运算放大器的场合。LM358 的封装形式有塑封 8 引线双列直插式和贴片式，其引脚功能见表 4—1—3。

表 4—1—3　　LM358 引脚功能

引脚	功能	引脚	功能
1	输出 1	5	正向输入 2
2	反向输入 1	6	反向输入 2
3	正向输入 1	7	输出 2
4	地	8	电源

4．称重过程分析

当外部砝码质量改变时，桥式电路输出电压变化范围是微伏级的，首先使用精密仪表放大器 INA118 构成前级信号放大，将信号放大 5 000 倍，再用通用运算放大器 LM358 对信号做进一步放大和电平调整，最后用万用表观察输出电压的变化。

二、电路的安装与调试

1．按表 4—1—4 的元器件清单准备电路元器件。

表 4—1—4　　元器件清单

元器件名称	规格型号	数量	备注
精密仪表放大器	INA118	1	
通用运算放大器	LM358	1	
碳膜电阻 R3	91 kΩ	1	
碳膜电阻 R1、R2、R4	10 kΩ	3	
可调电阻 R5	50 kΩ	1	
应变片	BF1K－3AA	4	
万能板	15 cm×15 cm	1	用于固定所有模块
砝码	—	若干	

2．按照图 4—1—4 中标定的电路元件规格型号进行图纸和元件的熟悉和认知。

3．根据电路原理图对所用元器件在练习板上进行位置布局。

4．使用电烙铁焊接工艺完成电路板的安装。

5．检查无误后进入通电调试过程。

（1）接入电路要求的 +5 V 电压，增加砝码个数，用万用表测输出电压，若读数增加，则电路调试成功。

（2）根据调试过程写出电路调试结论。

§4—2　压电式传感器

学习目标

1．掌握压电式传感器的结构、原理、分类和特点。

2．熟悉压电元件的基本参数。

3．掌握压电元件的等效电路和压电式传感器的测量转换电路。

4．能根据实际应用场合正确选用压电式传感器。

一、压电式传感器的结构、原理、特点及分类

1．压电式传感器的结构和原理

压电式传感器是一种双向有源传感器。它的工作原理是基于压电材料的压电效应。某些电介质，在沿一定方向上受到外力的作用而变形时，其内部会产生极化现象，同时在其两个表面上生成符号相反的电荷，当去掉外力后，又会恢复到不带电状态，这种现象称为压电效应，如图 4—2—1 所示。当作用力的方向改变时，电荷的极性也随之改变。其中，产生的电荷大小与外力大小成正比，比例系数为压电常数（与形变方向有关，固定材料的确定方向为常量）。压电效应属于将机械能转化为电能的一种效应。

反之，在电介质的极化方向上施加电场，这些电介质也会发生变形，去掉电场后，电介质的变形随之消失，这种现象称为逆压电效应，或叫作电致伸缩效应。它属于将电能转化为机械能的一种效应。

压电式传感器是以具有压电效应的压电元件为核心组成的传感器。当外力作用到压电元件表面时会产生电荷，从而实现非电物理量到电量的转换。如图 4—2—2 所示为常见的压电式传感器。

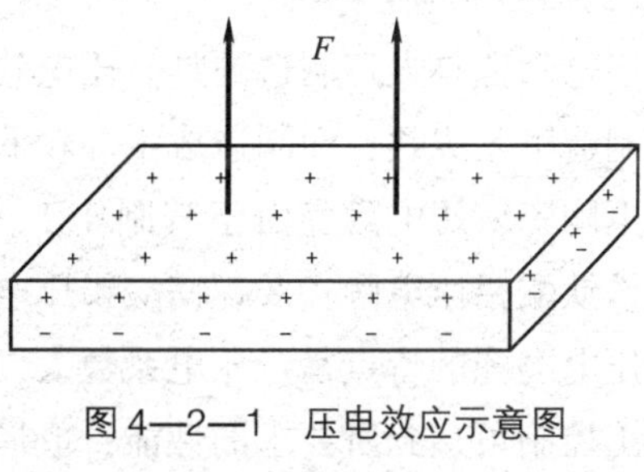

图 4—2—1　压电效应示意图

图 4—2—2　常见的压电式传感器

2. 压电材料的特点和分类

用于制作压电元件的压电材料一般分为三大类：一是压电晶体（单晶），它包括石英晶体和其他压电单晶；二是压电陶瓷；三是新型压电材料，其中有压电半导体和有机高分子压电材料两种。

（1）压电晶体

石英晶体（图 4—2—3）俗称水晶，是最典型而常用的压电晶体，它是制造压电传感器的最佳材料，可以利用金刚刀具将其切割成一片片的正方形薄片，用双面镀银进行封装。

石英晶体的特点是：压电常数小，其时间和温度稳定性极好，常温下几乎不变；力学强度和品质因数高，刚度大，固有频率高，动态特性好；居里点 573℃，无热释电性，且绝缘性、重复性均好。目前，石英晶体常用于精度和稳定性要求高的场合和制作标准传感器，而在一般要求的测量场合，主要采用压电陶瓷（图 4—2—4）。

图 4—2—3　石英晶体薄片

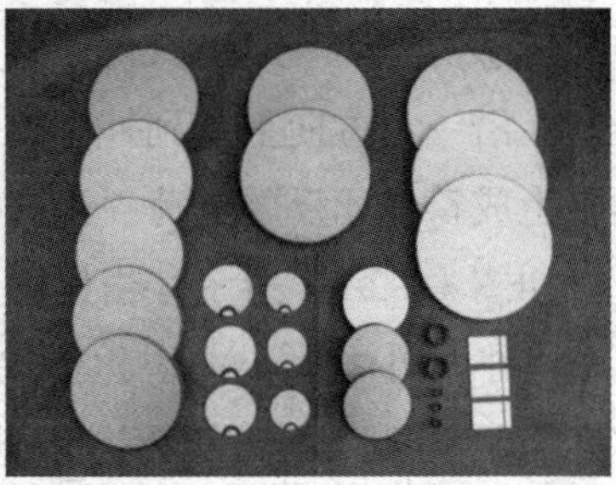

图 4—2—4　压电陶瓷

（2）压电陶瓷

压电陶瓷是人工制造的具有压电效应的多晶体材料。它的压电效应比石英晶体强数十倍，制造工艺成熟，而制造成本却较低，因此，目前国内外生产的压电元件绝大多数是采用压电陶瓷。压电陶瓷由于其制作工艺与陶瓷相似而得名，常用的主要有钛酸钡压电陶瓷、锆钛酸铅压电陶瓷及铌镁酸铅压电陶瓷等。

压电陶瓷的特点是：压电系数大，灵敏度高；制造工艺成熟，可通过合理配方和掺杂等人工控制可达到所要求的性能；成形工艺性好，成本低廉，利于广泛应用。压电陶瓷除有压电性外，还具有热释电性，因此，它可以制成热电传感器件而用于红外探测器中。但作为压电器件使用时，这会给压电传感器造成热干扰，降低稳定性，所以对高稳定性的传感器，压电陶瓷的应用受到限制。

（3）新型压电材料

压电半导体如硫化锌（ZnS）、碲化镉（CdTe）、氧化锌（ZnO）、硫化镉（CdS）、碲化锌（ZnTe）和砷化镓（GaAs）等材料的显著特点是：既具有压电特性，又具有半导体特性，因此，既可用其压电特性研制传感器，又可用其半导体特性制作电子器件，也可以两者结合，集元件与线路于一体，研制成新型集成压电传感器测试系统。

有机高分子压电材料是近年来出现的新型材料，如聚氟乙烯、聚偏氟乙烯、聚氯乙烯、聚 r 甲基 – L 谷氨酸酯和尼龙等。这些材料的特点是：质轻、柔软，具有防水性，抗拉强度高，可大量、连续拉制，耐冲击，热释电性和热稳定性好，价格便宜，且便于批量生产和大面积使用，可制成大面积阵列传感器乃至人工皮肤。

二、压电材料的主要特性参数

1. 压电常数

压电常数是衡量材料压电效应强弱的参数，它直接关系到压电元件输出的灵敏度。

2. 弹性常数

压电材料的弹性常数、刚度决定着压电元件的固有频率和动态特性。

3. 介电常数

对于一定形状、尺寸的压电元件，其固有电容与介电常数有关；而固有电容又影响着压电传感器的频率下限。

4. 机械耦合系数

在压电效应中，其值等于转换输出能量（如电能）与输入能量（如机械能）之比的平方根，它是衡量压电材料机电能量转换效率的一个重要参数。

5. 压电材料的绝缘电阻

绝缘电阻大时将减少电荷泄漏，从而改善压电传感器的低频特性。

6. 居里点

压电材料开始失去压电特性的温度称为居里点。

三、压电元件的等效电路

压电式传感器对被测量的变化是通过其压电元件产生电荷量的大小来反映的，它相当于一个电荷源，而压电元件表面聚集电荷时，它又相当于一个以压电材料为电介质的电容器。因此，可以把压电元件等效为一个电荷源与一个电容相并联的等效电路，如图 4—2—5a 所示，也可以等效为一个电压源与一个电容串联的形式，如图 4—2—5b 所示。

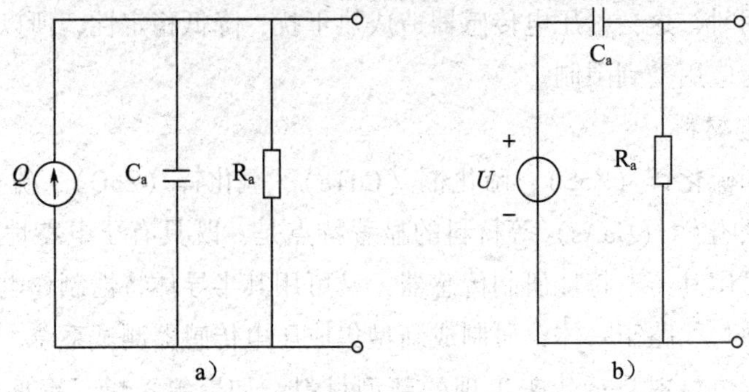

图 4—2—5　压电元件及等效电路

a) 电荷源与电容并联　b) 电压源与电容串联

当压电元件等效成一个电荷源与一个电容并联的形式时，忽略漏电阻 R_a，电容器上的开路电压 U_o、电荷量 Q 与等效电容 C_a 三者的关系为：$U_o \approx Q/C_a$。

只有在外电路负载为无穷大，且内部无漏电时，电荷源才能保持长期不变。如果负载不是无穷大，则电路就会按指数规律放电，而只有外力以较高频率不断地作用，传感器的电荷才能得以补充，因此，压电传感器不适宜静态测量，只适用于动态测量。

压电陶瓷多制成片状，称为压电片。压电片通常两片或两片以上粘接在一起使用，有串联和并联两种接法。

串联常用于以电压为输出的场合，如图 4—2—6a 所示，其输出电容是单片电容的 1/2，输出电压是单片输出电压的两倍，极板上的总电荷仍等于单片电荷，即

$$C' = \frac{1}{2}C，U' = \frac{Q}{C'} = 2U，Q' = Q$$

并联常用于以电荷为输出的场合，如图 4—2—6b 所示，其输出电容是单片电容的两倍，输出电压等于单片输出电压，极板上的总电荷为单片电荷的两倍，即

$$C' = 2C，U' = \frac{Q}{C'} = U，Q' = 2Q$$

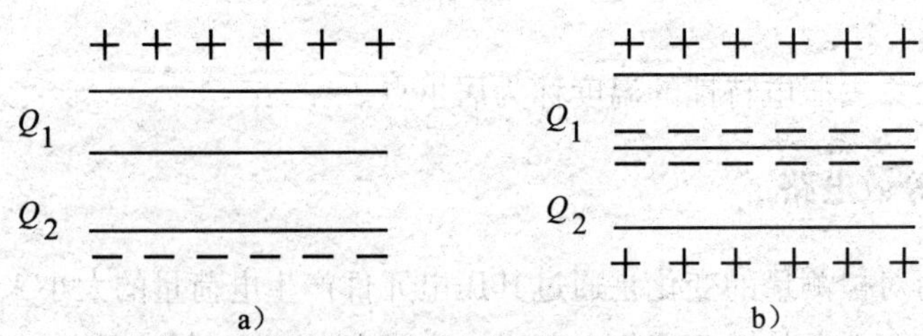

图 4—2—6　压电片接法

a) 压电片串联接法　b) 压电片并联接法

四、压电式传感器的测量转换电路

压电式传感器的输出电压非常小，一般需要将电信号放大才能测量。根据压电元件的两种等效电路，与压电元件配套的测量转换电路其前置放大器也有两种形式：一种是电压前置放大器，其输出电压与输入电压（压电元件的输出电压）成正比；另一种是电荷放大器，其输出电压 u_o 与输入电荷 Q 成正比：$u_o \approx -Q/C_F$（Q 为压电式传感器产生的电荷；C_F 为并联在放大器输入端与输出端之间的反馈电容）。电荷放大器可采用长电缆进行远距离测量，并且电缆电容变化也不影响灵敏度，目前多采用性能稳定的电荷放大器，其等效电路如图4—2—7所示。

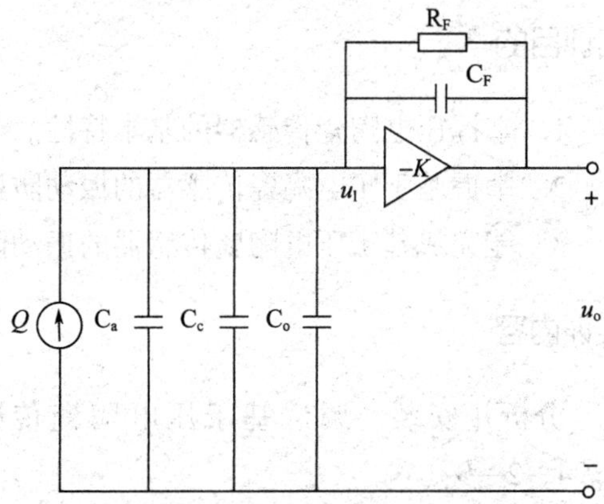

图 4—2—7　电荷放大器等效电路

五、压电式传感器的应用

压电式传感器是一种会发电的传感器，具有体积小、质量轻、工作频带宽、灵敏度及测量精度高等特点；又由于其内部没有运动部件，因此，其结构坚固，可靠性和稳定性高，是工业实践中比较常用的一种传感器。

压电式传感器耐高温，可以用来检测汽车发动机内部的压力，如图4—2—8所示是汽车发动机内的压力传感器；它也可以用来测量大的压力，如子弹在膛中击发的一瞬间膛压和炮口的冲击波压力；也可以用来测量微小的压力，如数字脉搏计和心室导管式微音器都是由压电式传感器制成的。但压电式传感器在测量低压力时线性度较差，主要是因为传感器受力系统在低压力下力的传递损失较大。为此，需要在力传递系统中加入预加力，称为预载，这不仅可以消除测量低压力时的非线性，还可以消除传感器内外接触表面的间隙，提高刚度。

图 4—2—8　汽车发动机内的压力传感器

压电式传感器也可以测量加速度、振动频率等物理量。压电式加速度传感器是一种常用的加速度计，具有结构简单、体积小、质量轻、使用寿命长等优点。此外，压电式传感器在飞机、汽车、船舶、桥梁和建筑的振动和冲击测量中也得到了广泛的应用。

实训 2

基于压电陶瓷传感器和 555 时基电路的振动防盗报警电路的应用

实训目的

1. 掌握压电陶瓷传感器的基本特性。
2. 掌握基于压电陶瓷传感器的振动防盗报警电路的组成及其工作原理。
3. 能完成基于压电陶瓷传感器的振动防盗报警电路的安装与调试。

实训内容

分析并安装、调试基于压电陶瓷传感器和 555 时基电路的振动防盗报警电路（图 4—2—9）。

1. 分析实训给出的振动防盗报警电路原理图。
2. 根据原理图和所选择完成的元件对实训中的电路进行焊接，并完成力敏控制功能的调试。

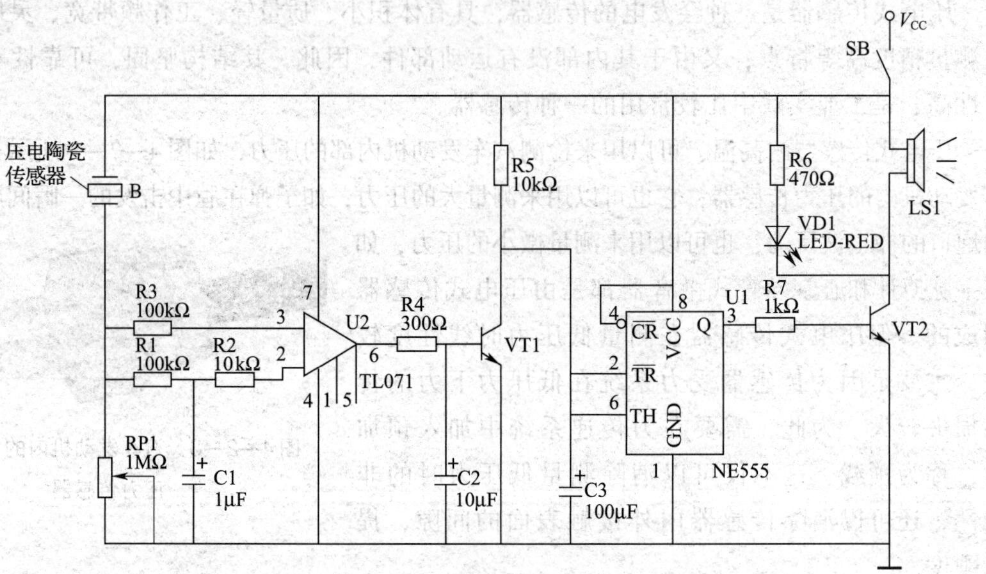

图 4—2—9　振动防盗报警电路原理图

实训设备与工具

万用表（1 块），25～35 W 内热式电烙铁（1 把），烙铁架（1 个），松香焊锡丝及小块松香适量，蘸湿的棉质擦布（1 块），焊接练习用电工工具，焊接练习用万用敷铜板（1 块），照明良好的焊接练习实验台。

实训步骤

一、分析测量电路

1．差分放大器简介

差分放大电路也称为差动放大电路，简称为差放，它是集成运算放大器的重要单元电路，广泛应用于测量电路、医学仪器等电子设备中。差分放大器是一种特殊的直接耦合放大器，它能有效抑制零点漂移，其基本性能是放大差模信号、抑制共模信号，常用共模抑制比来表征差分放大器对共模信号的抑制能力。

差分放大器有双端输入—双端输出、双端输入—单端输出、单端输入—单端输出、单端输入—双端输出四种连接方式，实训电路采用双端输入—单端输出的连接方式。TL071 的管脚图和符号标识如图 4—2—10 所示。使用时，在保持压电陶瓷元件无振动的情况下，调节电位器使 TL071 输入差分运算放大器 2 脚和 3 脚电位相同；在有振动或触摸时压电陶瓷放电，导致 2 脚和 3 脚产生电位差，从而使输出端 6 脚输出高电平。

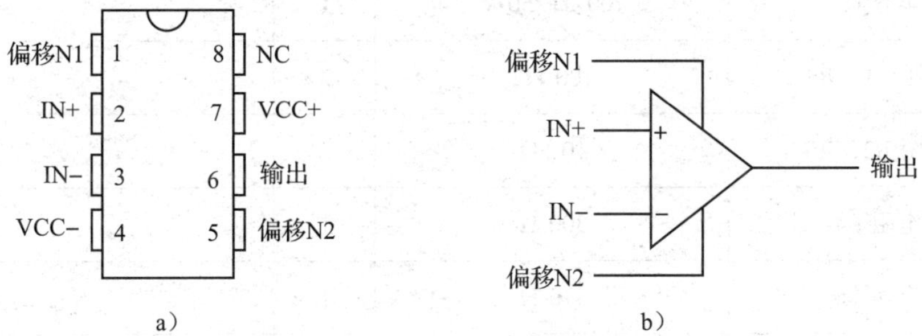

图 4—2—10　TL071 输入差分放大器

a）管脚图　b）符号标识

2．振动监测过程分析

（1）正常情况下，即 NE555 的 6 脚输入一个高电平，3 脚输出一个低电平，二极管 LED 和蜂鸣器不工作。

（2）当外力作用到压电陶瓷表面时会产生电荷，通过电位器 RP1 放电，并在其上产生一个交变的电压，使 TL071 输入差分放大器的输入端 2 脚和 3 脚的电压发生改变（产生一个电压差），在输出端 6 脚输出一个高电平，触发三极管 VT1 导通，同时又触发单稳态电路芯片 NE555 开始工作。NE555 中 2 脚输入一个低电平，3 脚输出一个高电平，使三极管 VT2 导通，二极管 LED 发光提示，同时蜂鸣器开始发声报警。

二、电路的安装与调试

1. 按表 4—2—1 的元器件清单准备电路元器件。

表 4—2—1　　　　元器件清单

元器件名称	规格型号	数量	备注
差分运算放大器	TL071	1	
压电陶瓷元件	$\phi 27$	1	常态下为一个几微法的电容
IC	NE555	1	
三极管 VT1、VT2	BC548	2	
电位器 RP1	1 MΩ	1	微型
电解电容 C1	1 μF/50 V	1	
电解电容 C2	10 μF/50 V	1	
电解电容 C3	100 μF/50 V	1	
碳膜电阻 R1、R3	100 kΩ	2	
碳膜电阻 R2、R5	10 kΩ	2	
碳膜电阻 R4	300 Ω	1	
碳膜电阻 R6	470 Ω	1	
碳膜电阻 R7	1 kΩ	1	
LED 发光二极管	$\phi 3$	1	红
蜂鸣器	12 mm×9.5 mm	1	
喇叭	8 Ω，0.25 W	1	
开关	2 A，250 V	1	
万能板	15 cm×15 cm	1	用于固定所有模块

2. 按照图 4—2—9 中标定的电路元件规格型号进行图纸和元件的熟悉和认知。

3. 根据电路原理图对所用元器件在练习板上进行位置布局。

4. 使用电烙铁焊接工艺完成电路板的安装。

5. 检查无误后进入通电调试过程。

(1) 接入电源电压（+9 V），用手触动压电陶瓷片，蜂鸣器作响，手松开，在暂稳态时间到达后蜂鸣器不响，则电路调试成功。

(2) 根据调试过程写出电路调试结论。

§4—3　液体（气体）压力传感器

学习目标

1. 掌握压力的基本概念。
2. 掌握液体（气体）压力传感器的结构与原理。
3. 了解液体（气体）压力传感器的应用。

一、压力的基本概念

气体或液体中的压力测量是最普通的需求，检测领域和工业中的压力指的是物理学中的压强，单位为“帕斯卡”，简称“帕”（Pa），1 Pa 表示 1 N（牛）的力垂直而均匀地作用于 1 m^2 面积上的压力。

根据不同的测量条件，压力分为绝对压力和相对压力，相对压力又分为差压和表压，相对应的，测量压力的传感器可分为绝对压力传感器、差压传感器和表压传感器。

1. 绝对压力

绝对压力是相对于密封在绝对压力传感器内部的基准真空（零压力参考点）而言的，是以真空为起点的压力。例如，平时所说的环境大气压为 100 kPa 是指绝对压力为 100 kPa。

2. 差压

差压是指两个压力 p_1 和 p_2 之差，又称压力差。例如，一根管子中间由一个橡皮薄膜隔开，当管口左、右两端均向大气敞开时，差压 $\Delta p = p_{左} - p_{右} = 0$。

当从左侧向管道通入的气体压力为 p_1，从右侧向管道通入的气体压力为 p_2 时，若 $p_1 > p_2$，$\Delta p > 0$，此时膜片向右弯曲；若 $p_1 < p_2$，$\Delta p < 0$，膜片向左弯曲。可见膜片的弯曲方向由左、右两侧的压力之差决定，而与环境中大气压无关。

3. 表压

表压是差压的特殊情况，以环境大气压为参考基准。差压传感器一侧向大气敞开，形成表压传感器。上例中管子一侧（如右侧）向大气敞开，从左侧向管道通入气体压力为 p_1，此时膜片上的压力为表压。医生测量血压时，实际测量的是人体血压与大气压力之差，即表压。工业生产中所提到的压力大部分是表压。表4—3—1为测量在正常范围内流体压力的一些常用方法。

表4—3—1　　测量在正常范围内流体压力的一些常用方法

液柱+液位检测	—
弹性元件	弹簧管（布尔顿管）+位移测量
	膜片+变形测量

隔膜是能够在待测压差作用下产生弯曲的紧绷膜片，所采用的金属可以是铍青铜、不锈钢和镍铜合金，传感器对膜片的中心偏离、整体变形或局部弯曲进行检测。膜盒（图4—3—1）和波纹管（图4—3—2）能给出比隔膜更大的位移，膜盒由成对、起皱的膜片组成，波纹管是能沿轴向伸长的柔性容器。膜盒和波纹管不能承受较大压力，动态响应不佳，但它们的位移能由价格低廉的电位器检测转换，而且对振动和加速度也非常敏感。

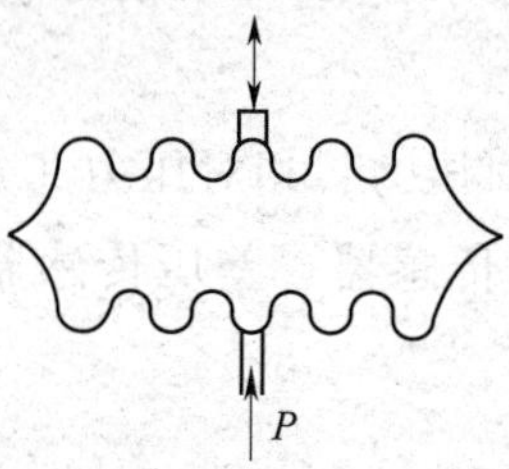

图4—3—1　膜盒

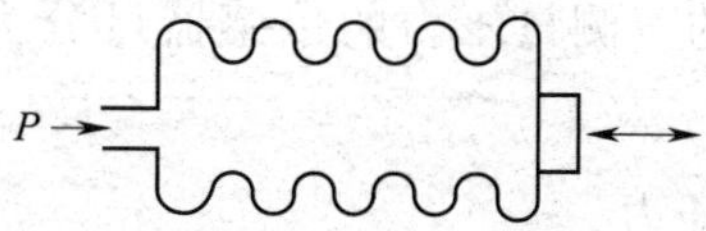

图4—3—2　波纹管

二、气体（液体）压力传感器的结构及应用

1. 液柱式压力表

液柱式压力表是以液体静力学原理为基础制成的压力表，通过液柱高度来反映被测压力的大小。如图4—3—3所示为U形玻璃管检测压力的原理图。当 $p_1=p_2$ 时，左右两管中液体的高度相等；当 $p_1>p_2$ 时，U形管两管内的液面会产生高度差，设高度差为 Δh，根据液体静力学原理有：被测压力差 $\Delta p=p_2-p_1$ 正比于两个液柱的高度差 $\Delta h=h_2-h_1$，可根据液柱高度差来确定被测压力的大小。玻璃管内所用液体为封液（常用水银或四氯化碳），由于封液的密度会随温度而改变，必须对测量结果进行温度修正。

2. 压阻式固态压力传感器

压阻式固态压力传感器是利用半导体材料的压阻效应和集成电路工艺制成的传感器，也称为固态传感器，它利用压阻效应把气体（液体）的压力转换为电阻阻值的变化。

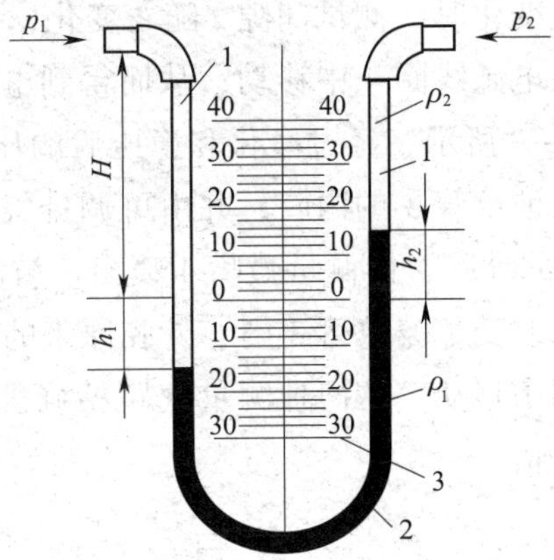

图 4—3—3　液柱式压力表

1—U 形玻璃管；2—封液；3—刻度尺

压阻式固态压力传感器由外壳、硅膜片、硅杯和引线等结构组成（图 4—3—4），其核心部件是一片方形硅膜片，在它上面制作了四个阻值相等的应变电阻。等截面薄片沿直径方向上各点的径向应变是不同的，图 4—3—5 中的虚线内是硅膜片承受压力的区域，当硅杯两侧存在压力差时，硅膜片产生变形，四个应变电阻在应力作用下阻值发生变化（R2、R4 距圆心近，承受的应变是正的（拉应变），R1、R3 处于膜片的边缘区，承受的应变是负的（压应变）。四个电阻之间利用面积相对较大、阻值较小的扩散电阻引线连接构成四臂全桥。当硅杯两侧存在压力差时，硅膜片发生变形，四个应变电阻在应力作用下阻值发生变化，电桥失去平衡，输出电压与硅膜片两侧压差成正比。硅膜片表面用 SiO_2 薄膜加以保护，并焊接上金丝作为全桥的引线。硅膜片底部被加工成中间薄、周边厚的硅杯，硅杯在高温下用玻璃粘接剂粘接在玻璃基板上，将硅杯和玻璃基板紧密地安装在壳体中，制成压力传感器。

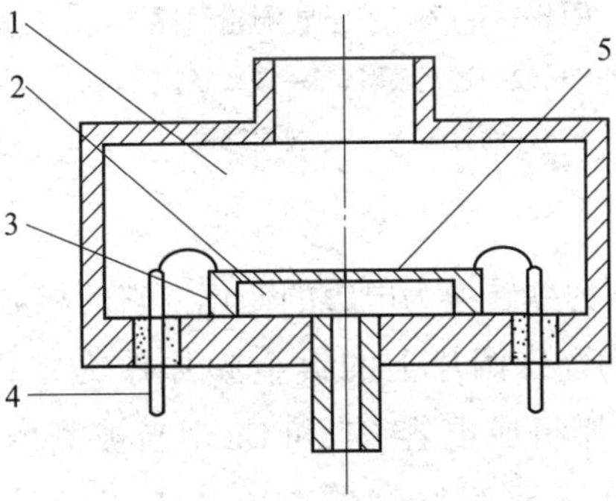

图 4—3—4　封装结构

1—低压腔；2—高压腔；3—硅杯；4—引线；5—硅膜片

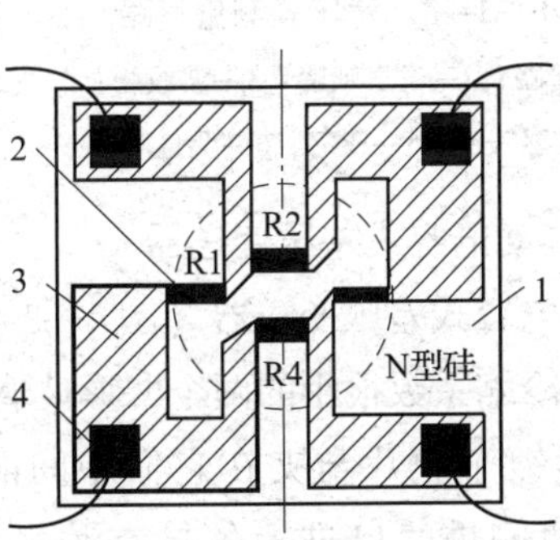

图 4—3—5　硅膜片及应变片

1—单晶硅膜片；2—扩散型应变片；3—扩散电阻引线；4—电极及引线

3. 波纹管式压力传感器

波纹管式压力传感器是把气体压力转换为电感线圈中电感量的变化，它的测量气路有背压式和差压式两种形式。背压式测量气路如图 4—3—6 所示，经过净化和稳压后的压缩空气由管路 1 送来，进气喷嘴 2 和测量喷嘴 6 组成背压式测量系统，被测工件尺寸发生变化时，测试间隙 z 随之变化，而测试压力变化使波纹管 3 伸缩变形并带动磁芯 5 在电感线圈 4 中移动，从而得到电感线圈中电感量的变化。差压式测量气路如图 4—3—7 所示，经过净化和稳压后的压缩空气进来后分为两部分：一路经进气喷嘴 1 进入波纹管 3 的内腔，并由可调排气喷嘴 5 排向大气；另一路经进气喷嘴 2 进入波纹管 3 的外腔，由测量喷嘴 4 喷出。被测工件尺寸发生变化时，测试间隙 z 随之变化，从而改变了波纹管 3 内、外腔原来的压力差，使波纹管 3 伸缩变形并带动磁芯在电感线圈中移动。这两种测量气路精确度相同，但差动式测量气路的测量范围比背压式大一倍。

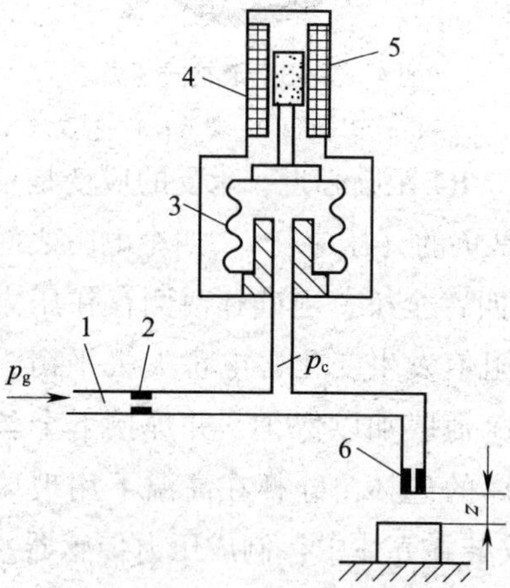

图 4—3—6　背压式测量气路

1—管路；2—进气喷嘴；3—波纹管；4—电感线圈；5—磁芯；6—测量喷嘴

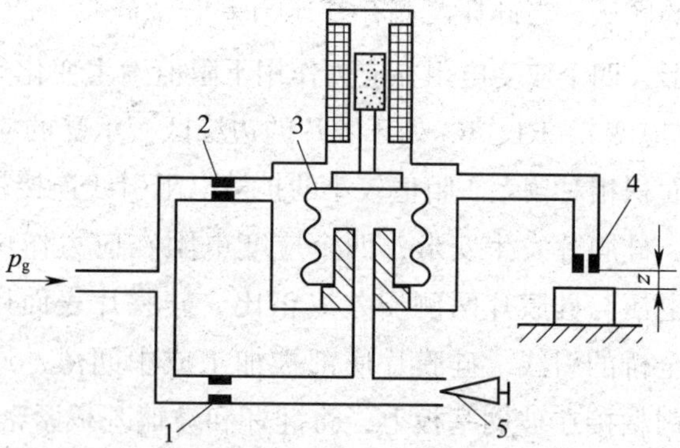

图 4—3—7　差压式测量气路

1，2—进气喷嘴；3—波纹管；4—测量喷嘴；5—排气喷嘴

4．差动电容式差压变送器

差动电容式差压变送器（图 4—3—8）是把压力差转换为电容的变化，它的核心结构是用热胀冷缩系数很小的两个凹形玻璃（或绝缘陶瓷）圆片上的镀金膜片作为定极板。两个凹形镀金膜片与夹在它们中间的弹性平膜片组成电容 C1 和 C2。当被测压力 p_1 和 p_2 由两侧进气口进入各自空腔，该压力通过不锈钢波纹隔离膜片 5 以及导压硅油 6 传递给 δ 腔 10。弹性平膜片 9 由于受到压力差，凸向压力小的一侧，而它与凹形镀金定极板组成的电容因为极距变化产生电容大小的变化（弹性平膜片与凹形镀金定极板之间距离很小，微小的位移就可以使电容量变化 100 pF 以上），相敏检波电路作为测量转换电路将电容量的变化转换成 4 ~ 20 mA 标准电流信号输出给二次仪表。当某一侧突然失去压力时，过电压保护悬浮波纹膜片 13 和限位波纹盘 12 起到过压保护作用。

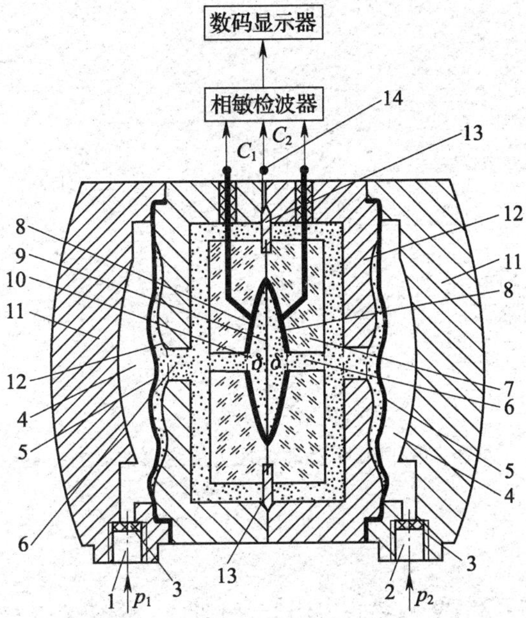

图 4—3—8　差动电容式差压变送器结构示意图

1—高压侧进气口；2—低压侧进气口；3—过滤片；4—空腔；5—柔性不锈钢波纹隔离膜片；6—导压硅油；7—凹形玻璃圆片；8—镀金凹形电极；9—弹性平膜片；10—δ 腔；11—铝合金外壳；12—限位波纹盘；13—过电压保护悬浮波纹膜片；14—公共参考端

实训 3

基于 XGZP6847 型气体压力变送器的压力报警电路的应用

实训目的

1. 掌握 XGZP6847 型气体压力变送器模块的基本特性。
2. 掌握压力报警电路的组成。
3. 能完成压力报警电路的安装与调试。

实训内容

分析并安装、调试基于 XGZP6847 型气体压力变送器的压力报警电路（图 4—3—9）。

1. 分析实训给出的压力报警电路原理图。
2. 根据原理图和所选择完成的元件对实训中的电路进行焊接，并完成调试。

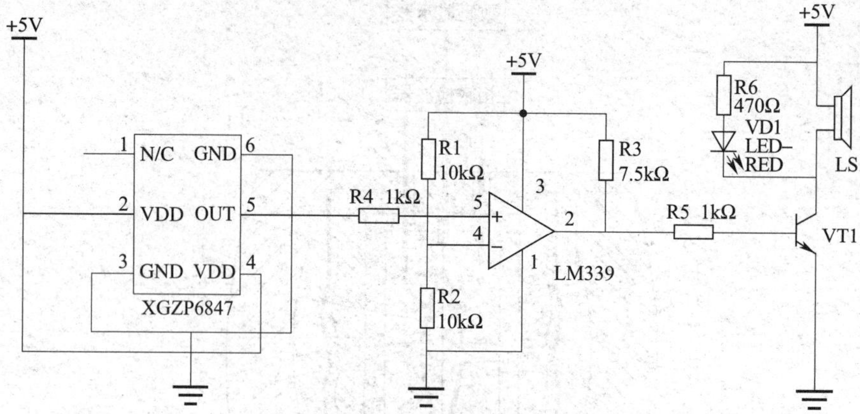

图 4—3—9 基于 XGZP6847 型气体压力变送器的压力报警电路原理图

实训设备与工具

万用表（1 块），25 ~ 35 W 内热式电烙铁（1 把），烙铁架（1 个），松香焊锡丝及小块松香适量，蘸湿的棉质擦布（1 块），焊接练习用电工工具，焊接练习用万用敷铜板（1 块），照明良好的焊接练习实验台。

实训步骤

一、分析测量电路

1. XGZP6847 型气体压力变送器基础知识

XGZP6847 型气体压力变送器模块采用 DIP 封装形式，压力传感器作为敏感元件并集成了数字调理芯片，PCB 板的两面分别安装有 SOP 封装的压力传感器与信号处理电路芯片，对传感器的偏移、灵敏度、温漂和非线性进行数字补偿，以供电电压为参考，产生一个经过校准、温度补偿后的标准电压信号。

XGZP6847 型气体压力变送器测量范围为 -100 ~ 1 000 kPa；工作温度范围为 -20 ~ 100℃。它采用表压形式，标准信号输出，宽温度补偿，适用于无腐蚀性的气体。其外形如图 4—3—10 所示，输出对应关系见表 4—3—2，引脚功能见表 4—3—3。

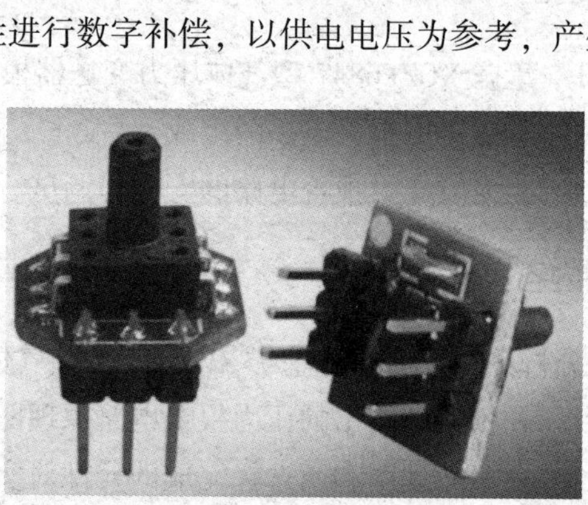

图 4—3—10 XGZP6847 型气体压力变送器

表 4—3—2　　输出对应关系

电压（V）	压力（kPa）
0.5	0
1.5	250
2.5	500
3.5	750
4.5	1 000

表 4—3—3　　XGZP6847 型气体压力变送器引脚功能

序号	引脚功能	序号	引脚功能
1	N/C	4	VDD
2	VDD	5	OUT
3	GND	6	GND

XGZP6847 型气体压力变送器模块尺寸小、易安装，可根据用户要求标定输出信号，广泛用于医疗电子、汽车电子、运动健身器材等领域。本实训选用的是 XGZP6847－700KPGPN，测量范围为－100～700 kPa。

2. LM339 电压比较器简介

LM339 是四电压比较器集成电路，使用灵活，应用广泛。其引脚图如图 4—3—11 所示，引脚功能见表 4—3—4。

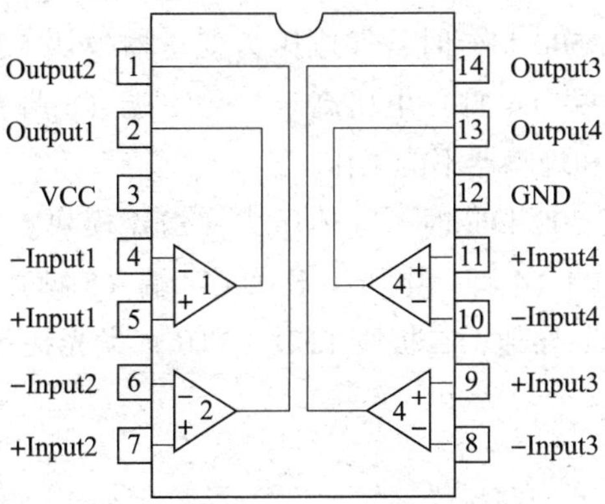

图 4—3—11　LM339 电压比较器引脚图

表 4—3—4　　LM339 电压比较器引脚功能

引脚	引脚功能	符号	引脚	引脚功能	符号
1	输出端 2	Output2	8	反相输入端 3	– Input3
2	输出端 1	Output 1	9	同相输入端 3	+ Input3
3	电源	VCC	10	反相输入端 4	– Input4
4	反相输入端 1	– Input 1	11	同相输入端 4	+ Input 4
5	同相输入端 1	+ Input 1	12	电源	GND
6	反相输入端 2	– Input 2	13	输出端 4	Output 4
7	同相输入端 2	+ Input 2	14	输出端 3	Output 3

每个比较器有两个输入端和一个输出端。两个输入端一个称为同相输入端，用“+”表示，另一个称为反相输入端，用“-”表示。LM339 用作比较器时，任意一个输入端加一个固定电压做参考电压（也称为门限电平，它可选择 LM339 输入共模范围的任何一点），另一端加一个待比较的信号电压。本实训中，4 脚加参考电压，5 脚加待比较的信号电压。当“+”端（5 脚）电压高于“-”端（4 脚）电压时，输出端输出高电平。反之，输出端输出低电平。两个输入端电压差大于 10 mV 就能确保输出能从一种状态可靠地转换到另一种状态，因此，把 LM339 用在弱信号检测等场合是比较理想的。

3. 电路原理分析

实训中气体压力来源可采用手动打气筒或者车载充气泵，通过硅胶软管与 XGZP6847 型气体压力变送器模块相连。手动打气筒价格便宜，但是无显示，最高输出气压达 500 ~ 800 kPa，车载充气泵可以设置气压大小，同时自带气压显示，和电路中的报警装置有一个比对，效果较好。

（1）当气体压力小于 500 kPa 时，气体压力变送器模块 5 脚输出电压小于 2.5 V，LM339 电压比较器“-”端（4 脚）电压高于“+”端（5 脚）电压时，2 脚输出低电平，二极管 LED（VD1）和蜂鸣器不能工作。

（2）当气体压力大于 500 kPa 时，气体压力变送器模块 5 脚输出电压大于 2.5 V，LM339 电压比较器“-”端（4 脚）电压小于“+”端（5 脚）电压时，2 脚由低电平跳变为高电平，使三极管 VT1 导通，二极管 LED（VD1）发光提示，同时蜂鸣器开始发声报警。

二、电路的安装与调试

1. 按表 4—3—5 的元器件清单准备电路元器件。

表 4—3—5　　元器件清单

名称	规格型号	数量	备注
气体压力变送器	XGZP6847－700KPGPN	1	
电压比较器	LM339	1	常态下为几微法电容
三极管	BC548	1	
碳膜电阻 R1、R2	10 kΩ	2	
碳膜电阻 R3	7.5 kΩ	1	
碳膜电阻 R4、R5	1 kΩ	2	
碳膜电阻 R6	470 Ω	1	
LED 发光二极管	$\phi 3$	1	红，直插
蜂鸣器	12 mm×9.5 mm	1	
喇叭	8 Ω，0.25 W	1	
万能板	15 cm×15 cm	1	用于固定所有模块

2. 按照图 4—3—9 中标定的电路元件规格型号进行图纸和元件的熟悉和认知。

3. 根据电路原理图对所用元器件在练习板上进行位置布局。

4. 使用电烙铁焊接工艺完成电路板的安装。

5. 检查无误后进入通电调试过程。

（1）接入电源电压（+5 V），利用手动打气筒或车载充气泵打气，当气体压力大于 500 kPa 时，蜂鸣器作响，则电路调试成功。

（2）根据调试过程写出电路调试结论。

第五章　磁敏传感器

磁敏传感器是感知磁性物体的存在或者磁性强度的一类传感器，它以磁场为媒介的物理量，能实现非接触测量。磁敏传感器在实际的电子设备中应用非常广泛，如转速测量仪、位移测量仪等，可用于家用电器、车辆、机器人及航海等领域。

§5—1　电感线圈传感器

学习目标

1. 了解和识别电感线圈传感器。
2. 掌握电感线圈传感器的选择和使用。

电感线圈传感器是利用电磁感应原理将被测非电量转换成线圈自感系数 L 或互感系数 M 的变化，再由测量电路转换为电压、电流和频率的变化量输出的装置，其工作流程如图 5—1—1 所示。

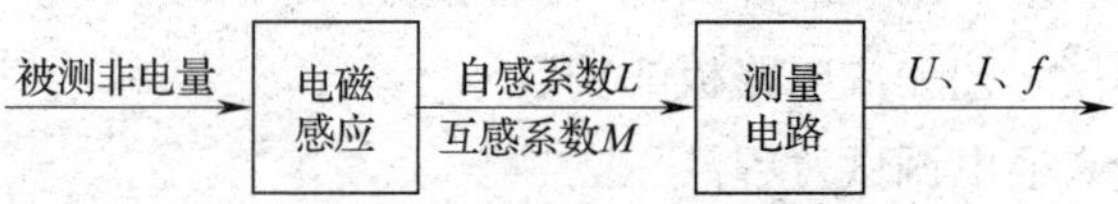

图 5—1—1　电感线圈传感器工作流程

电感线圈传感器按转换原理可分为自感式（变磁阻式）、互感式（差动变压器式）和电涡流式；按结构形式可分为变气隙式、变截面式和螺线管式。本节按转换原理分类进行讲解。

一、电感线圈传感器的结构、原理及特点

1. 自感式传感器

自感式传感器是利用线圈自感量的变化来实现测量的，它由线圈、铁芯和衔铁三部分组成，其中，铁芯与衔铁由硅钢片或铁镍合金等导磁材料制成。

自感式传感器的结构示意图和实物图分别如图 5—1—2 和图 5—1—3 所示。在使用时，其运动部分与衔铁相连，当衔铁移动时，铁芯与衔铁间的气隙厚度 δ 发生改变，引起磁路磁阻的变化，从而导致线圈电感值发生改变，因此，只要能测量电感量的变化，就能确定衔铁位移量的大小和方向。

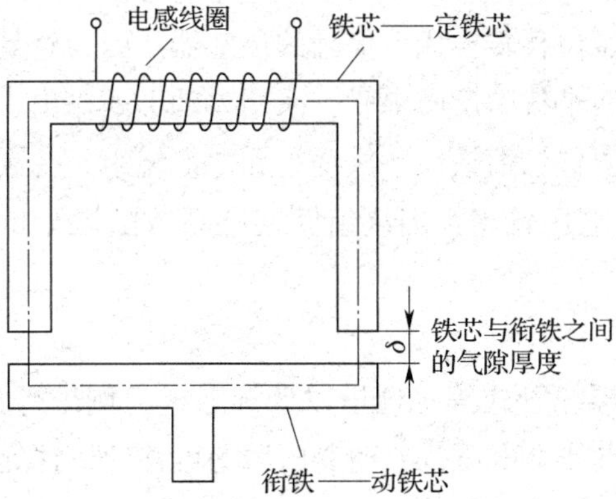

图 5—1—2　自感式传感器结构示意图

图 5—1—3　自感式传感器实物图

自感式线圈的电感量为

$$L=\frac{N^2 S\mu_0}{2\delta}$$

式中　N——线圈匝数；

S——铁芯截面；

δ——铁芯与衔铁间的气隙。

当线圈匝数 N 为常数时，电感量 L 为磁路中磁阻的函数，改变 δ 或 S 均可使电感量发生变化。

如果保持 S 不变，则 L 为 δ 的单值函数，可构成变气隙式自感传感器；如果保持 δ 不变，使 S 随位移而变，则可构成变截面式自感传感器；如果在线圈中放入圆柱形衔铁，当衔铁上下移动时，自感量将发生相应的变化，就构成了螺线管式自感传感器。

自感式传感器的特点及应用场合见表 5—1—1。

表 5—1—1　自感式传感器的特点及应用场合

特　　点		应用场合
结构简单	无活动的电触点	主要应用于调幅、调频和调相电路。但由于存在交流零位信号，不适宜进行高频动态测量
灵敏度高	输出信号强，电压灵敏度每毫米能达到上百毫伏	
分辨率高	能感受微小的机械位移与角度变化	
重复性与线性度好	在一定位移范围内，输出特性的线性度好，输出稳定	

2．差动变压器式传感器

互感式传感器是一种利用互感原理将机械位移转换成电信号的传感器。因为它是根据变压器的基本原理制成的，而且二次绕组的两个线圈反向串联，采用差动形式输出，所以又称为差动变压器式传感器。这类传感器主要包括衔铁、一次绕组和二次绕组。一次绕组接入激励电源后，二次绕组将因互感而产生电压输出，当绕组间互感系数随被测量变化时，输出电压将产生相应的变化。

（1）差动变压器式传感器的结构

差动变压器也有变气隙式、变截面式和螺线管式等，这里以变气隙式为例进行介绍，如图 5—1—4 和图 5—1—5 所示。ΔU_0 为零点残余电压，差动变压器的可移动衔铁处于中间位置时，理想条件下 $\Delta U_0=0$；而实际 ΔU_0 为几毫伏到十几毫伏。

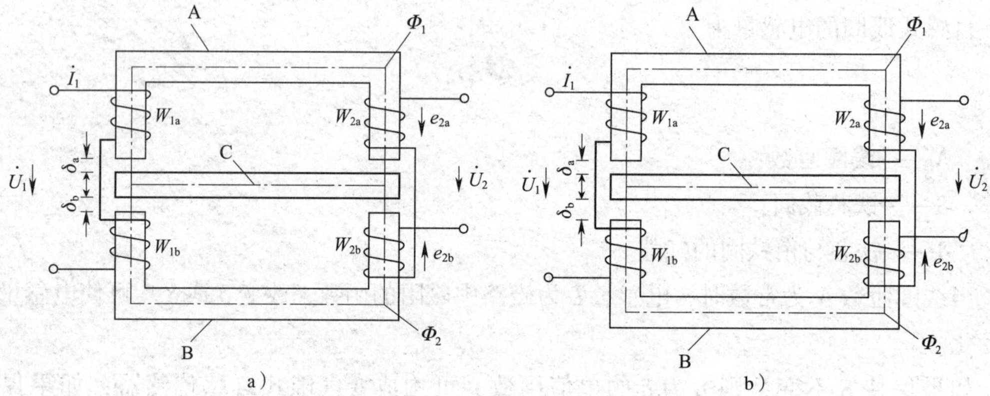

图 5—1—4　变气隙式差动变压器的结构示意图

a）初始状态 $\delta_a=\delta_b$　b）测量状态 $\delta_a<\delta_b$

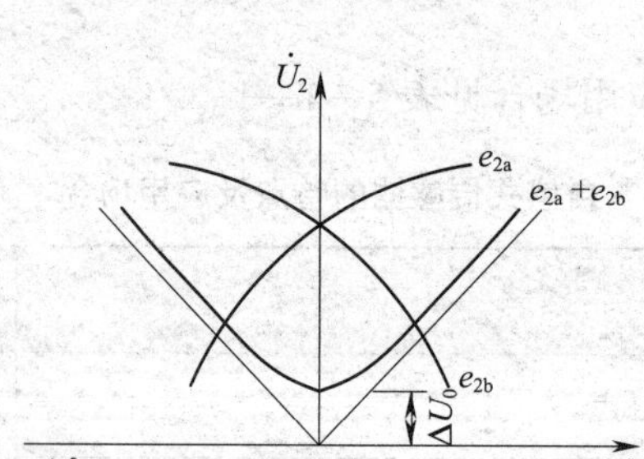

图 5—1—5　变气隙式差动变压器的电压波形

这种结构形式的差动变压器衔铁均为板形，灵敏度高，测量范围则较窄，一般用于测量几微米到几百微米的机械位移。

对于位移在 1 mm 至上百毫米的测量，常采用圆柱形衔铁的螺线管式差动变压器，其结构示意图和实物图如图 5—1—6 所示。

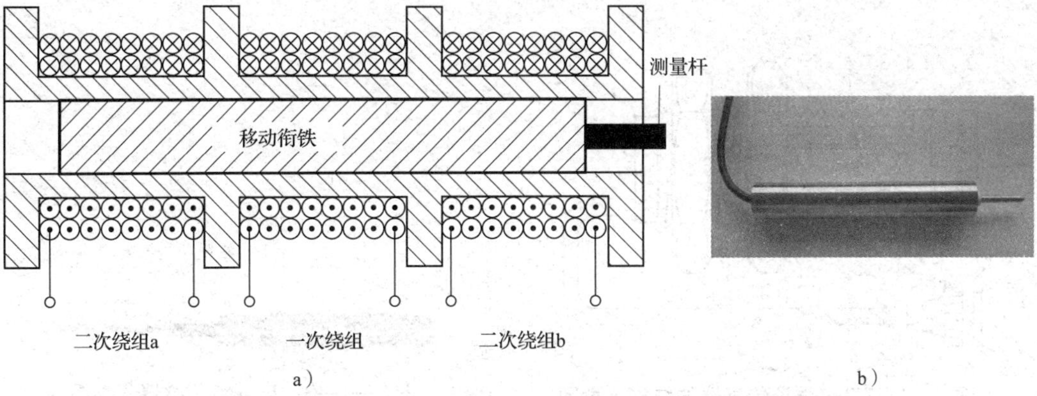

图5—1—6　圆柱形衔铁的螺线管式差动变压器结构示意图和实物图

a）结构示意图　b）实物图

（2）差动变压器式传感器的原理

如图5—1—4所示，W_{1a}及W_{1b}为一次侧线圈绕组，W_{2a}及W_{2b}为二次侧线圈绕组，C为衔铁。为反映差值互感，将两个一次侧绕组的同名端顺向串联，并施加交流电压U_1，两个二次侧绕组的同名端反向串联，同时测量串联后的合成电势U_2。当没有位移时，衔铁C处于初始平衡位置，它与两个铁芯的间隙有：$\delta_a=\delta_b$，则互感$M_a=M_b$，致使两个二次侧绕组的互感电势相等，即$e_{2a}=e_{2b}$。由于二次侧绕组反相串联，差动变压器输出电压为

$$U_2=e_{2a}-e_{2b}=0$$

当被测物体有位移时，与被测物体相连的衔铁位置将发生相应的变化，使得$\delta_a\neq\delta_b$，互感$M_a\neq M_b$，两个二次侧绕组的互感电势$e_{2a}\neq e_{2b}$，输出电压$U_2=e_{2a}-e_{2b}\neq 0$，即差动变压器有电压输出，此电压的大小与极性反映被测物体位移的大小与方向。

（3）差动变压器式传感器的特点

差动变压器式传感器以微位移为测量对象，位移与输出呈线性关系，灵敏度高，抗干扰能力强。它可以直接用于位移测量，也可测量与位移有关的任何机械量，如力、力矩、压力、压差、振动、加速度、应变、液位等。

3. 电涡流传感器

（1）电涡流传感器的结构

当通过金属体的磁通量发生变化时，会在导体中产生感应电流，该电流在导体中是自行闭合的，即电涡流。电涡流的产生必然要消耗一部分能量，从而使产生磁场的线圈阻抗发生变化，这一物理现象称为涡流效应。电涡流传感器就是利用涡流效应，将位移、温度等非电量转换为阻抗的变化或电感的变化而进行测量的。

电涡流传感器的基本结构包括探头和变换器两个部分，其结构示意图如图5—1—7所示，实物图如图5—1—8所示。变换器由测量电路组成；探头主要由一个固定在框架上的扁平线圈组成，线圈用多股漆包线或银线绕制而成，一般放在端部。

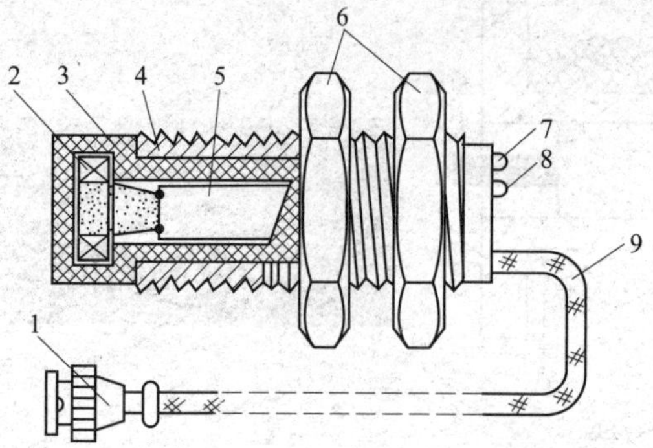

图 5—1—7　电涡流传感器的结构示意图

1—电缆插头；2—电涡流线圈；
3—探头壳体；4—壳体上的位置调节螺纹；
5—印制线路板；6—夹持螺母；
7—电源指示灯；8—阈值指示灯；
9—输出屏蔽电缆线

图 5—1—8　电涡流传感器实物图

（2）电涡流传感器的原理

电涡流传感器的工作原理如图 5—1—9a 所示，当传感器线圈通以交变电流 i_1 时，线圈周围产生交变磁场 H_1，置于该磁场范围内的金属导体中产生感应涡流 i_2，i_2 形成新的磁场 H_2，H_2 与 H_1 的方向相反，对原磁场 H_1 起抵消和削弱的作用，使传感器线圈的电感量、阻抗和品质因数发生变化，变化的程度与激励电流 i_1 的频率、金属导体的电导率及磁导率有关。

电涡流传感器的等效电路如图 5—1—9b 所示，传感器线圈的电阻为 R_1，电感为 L_1；金属导体中形成的电涡流等效为一个短路环，短路环的电阻为 R_2，电感为 L_2；电涡流产生的磁场对传感器线圈产生的磁场的“抵消”作用等效为线圈与导体间的互感 M，互感 M 随线圈与导体间距离的减小而增大。

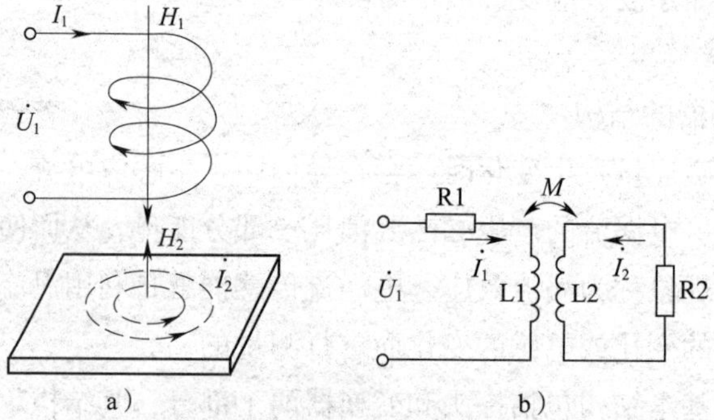

图 5—1—9　电涡流传感器的基本工作原理图和等效电路图

a）基本工作原理图　b）等效电路图

传感器的等效电感为

$$L=L_1-L_2\frac{\omega^2M^2}{R_2^2+(\omega L_2)^2}$$

（3）电涡流传感器的特点

电涡流传感器具有高分辨率和高采样率；可自行调整零位、增益和线性；可选择延长电缆、温度补偿等功能；可测多种金属材料；具有多传感器同步功能；不受潮湿、灰尘的影响，对环境要求低。它主要用于位移测量、振幅测量、厚度测量、转速测量和涡流探测等。

二、电感线圈传感器的选用

1．电感线圈传感器的选择

自感式传感器在使用时应根据具体应用进行选择，并且由于线圈电流的存在，其衔铁受单向电磁力作用，易受电源电压和频率的波动与温度变化等外界干扰的影响，不适合精密测量，且存在一定程度的非线性。

差动变压器式传感器主要用于精密测量距离，工程中最常用的电动机转轴直径检测设备就是使用差动变压器式传感器。

工程中对于金属工件表面的镀膜，通常采用涡流式测厚仪来测量其厚度。由于涡流式测厚仪的种类和型号较多，应根据不同的金属基体以及表面膜的材料来选择。

2．电感线圈传感器的应用举例

（1）压差计

当压差变化时，腔内膜片位移使电感线圈传感器中的差动变压器二次侧电压发生变化，输出与压差成正比，从而进行压力的测量。其原理图如图5—1—10所示。

（2）液位测量仪

沉筒式液位计将水位变化转换成位移变化，再转换为电感的变化，差动变压器的输出反映液位高低。其原理图如图5—1—11所示。

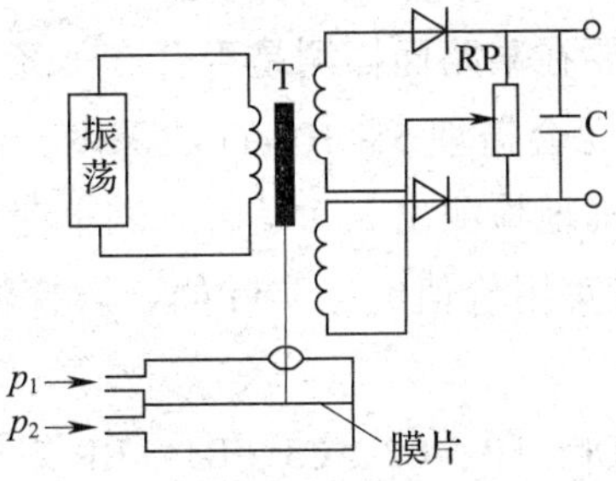

图5—1—10　压差计

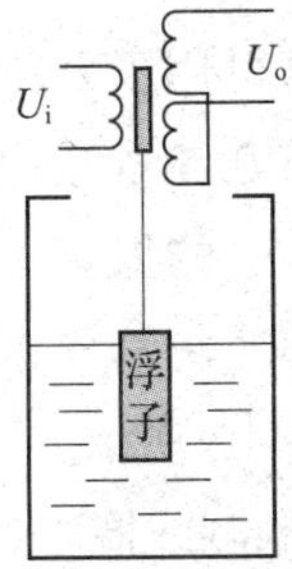

图5—1—11　液位测量仪

实训1

基于电感线圈传感器金属探测器电路的应用

实训目的

1. 能识别金属探测传感器。
2. 掌握金属探测器电路的组成及其工作原理。
3. 能完成金属探测器电路的安装与调试。

实训内容

分析并安装、调试基于电感线圈传感器的金属探测器电路（图5—1—12）。

1. 分析金属探测器电路的工作原理。
2. 识别和检测金属探测器。
3. 根据电路图和所选择完成的元件对金属探测器电路进行焊接，并完成调试。

实训设备与工具

万用表（1块），25～35 W内热式电烙铁（1把），烙铁架（1个），松香焊锡丝及小块松香适量，蘸湿的棉质擦布（1块），焊接练习用电工工具，焊接练习用万用敷铜板（1块），照明良好的焊接练习实验台。

实训步骤

一、分析测量电路

金属探测器可用于公路流量的统计，如果要在某路面探测是否有汽车经过，由于汽车底盘距路面有0.5 m或以上的高度，而且水泥会掩埋5～10 cm的深度，因此，在地面掩埋直径为1 m的探测线圈就可以稳定并准确地检测出上面是否有汽车存在，这在公路流量统计、停车场禁停区域统计方面是很有实用价值的。实际的金属探测器电路原理图如图5—1—12所示。

图中L1为探测线圈。在该电路中，VT1、L1、L2、C2、C3、R1、RP组成高频振荡电路，调节电位器RP可以改变振荡级增益，使振荡器处于临界振荡状态，即刚好使振荡器起振。VT2、VT3组成检测电路，电路正常振荡且振荡电压超过0.6 V时，VT2在负半

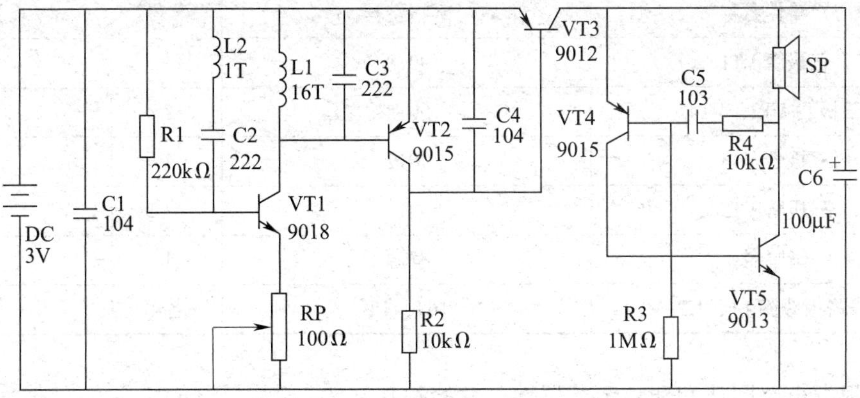

图 5—1—12　金属探测器电路原理图

周导通，C4 放电并短路，导致 VT3 截止；当金属物体靠近探测线圈 L1 时，就会在金属导体中产生电涡流，使振荡回路中的能量损耗增大，正反馈减弱，处于临界状态的振荡器振荡减弱，甚至无法维持振荡所需的最低能量而停振，使 VT2 截止，R2 给 C4 充电，VT3 导通，给 VT4、VT5 组成的音频振荡电路供电，推动蜂鸣器发声。根据声音有无，即可以判断探测线圈上面是否有金属物体。

二、电路的安装与调试

1．按表 5—1—2 的元器件清单准备电路元器件。

表 5—1—2　　元器件清单

元器件名称	规格型号	数量	备注
碳膜电阻 R1	220 kΩ	1	
碳膜电阻 R2、R4	10 kΩ	2	
碳膜电阻 R3	1 MΩ	1	
瓷片电容 C1、C4	0. 1 μF	2	
瓷片电容 C2、C3	2 200 pF	2	
瓷片电容 C5	10 nF	1	
电解电容 C6	100 μF/50 V	1	
电位器 RP	100 Ω	1	

续表

元器件名称	规格型号	数量	备注
三极管 VT1	9018	1	
三极管 VT2、VT4	9015	2	
三极管 VT3	9012	1	
三极管 VT5	9013	1	
蜂鸣器	有源	1	
线路板线圈 L1、L2	16T、1T	各 1	

2. 根据电路图认知和熟悉元器件，并检测其好坏。

3. 根据电路图对所用元器件在练习板上进行位置布局。

4. 使用电烙铁焊接工艺完成金属探测器电路的安装。焊接好后的金属探测器如图 5—1—13 所示。

5. 检查无误后进入通电调试过程。

6. 调试电路。安装好后接通电源，调节电位器到刚好不发声（不靠近金属的情况下）状态，将金属导体靠近探测器，此时应发声，远离后应停止发声。若远离时不能停止发声，应适当调整电位器，直到符合要求为止。适当改变 C5 的容量可以改变发声的频率。

图 5—1—13　金属探测器实物图

7. 检测

（1）测量金属探测器电源电压 U_{CC} = ____V。

（2）测量三极管 VT1 的静态工作点：U_{CE} = ____V，U_{B} = ____V，I_{C} = ____A。

（3）调节电位器 RP，测出其两端的电压范围为____V。

8. 根据调试过程写出电路调试结论。

§5—2　霍尔传感器

学习目标

1. 了解和识别霍尔传感器。

2. 熟悉霍尔传感器的主要技术参数。

3．掌握霍尔传感器的选择和使用。

霍尔传感器是利用半导体材料的霍尔效应进行测量的一种传感器。它将被测量（如电流、磁场、位移、压力、转速等）转换成电动势输出，具有结构简单、体积小、质量轻、频率响应范围宽、动态范围大、使用寿命长、非接触以及易于微型化和集成化等优点，在测量技术、自动化技术和信息处理领域得到了广泛的应用。

一、霍尔传感器的结构、原理及特点

1．霍尔传感器的结构

目前最常用的霍尔元件材料是锗（Ge）、硅（Si）、锑化铟（InSb）、砷化铟（InAs）等半导体材料。20 世纪 80 年代末出现了一种新型霍尔元件——超晶格结构（砷化铝/砷化镓）的霍尔器件，它可以用来测微磁场。

霍尔传感器由霍尔片、4 根引线和壳体组成。霍尔片是一块矩形半导体单晶薄片，如图 5—2—1 所示，在它的长度方向两端面焊有 a、b 两根引线，称为控制电流端引线，通常为红色导线，其焊接处称为控制电流极（要求焊接处接触电阻很小，并呈纯电阻，即欧姆接触）。在薄片两侧端面的中间以点的形式对称地焊有 c、d 两根霍尔输出引线，通常为绿色导线，其焊接处称为霍尔电极，要求欧姆接触，且电宽度与基片长度之比小于0.1，否则将影响输出。壳体通常用非导磁金属、陶瓷或环氧树脂封装。霍尔传感器的外形及符号如图 5—2—2 所示。

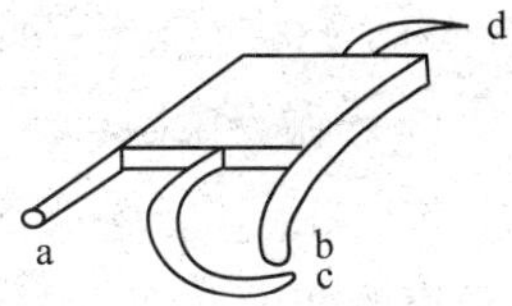

图 5—2—1　霍尔片

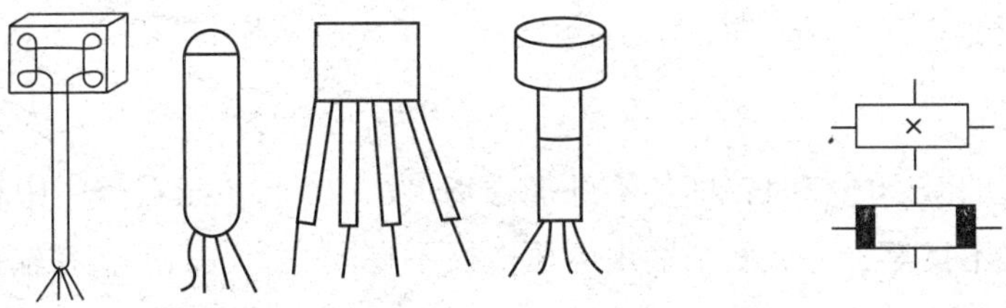

图 5—2—2　霍尔传感器外形及符号

a）外形　b）符号

2．霍尔传感器的工作原理

霍尔效应示意图如图 5—2—3 所示。当把一块金属或半导体薄片垂直放在磁感应强度为 B 的磁场中，沿着垂直于磁场的方向通以电流 I，半导体中的多数载流子——电子受到洛伦兹力 f_L 的作用向一侧面偏转，使该侧面积累电子而带负电荷，在相对侧面上因缺少电

子而带有等量的正电荷，从而在半导体的两侧面上产生电动势 U_H，称为霍尔电动势，这种现象称为霍尔效应。其中

$$U_H = K_H IB$$

霍尔电动势 U_H 的大小正比于控制电流 I 和磁感应强度 B。K_H 为霍尔元件的灵敏度，它指在单位磁感应强度和单位控制电流时，输出霍尔电动势的大小，一般要求它越大越好。

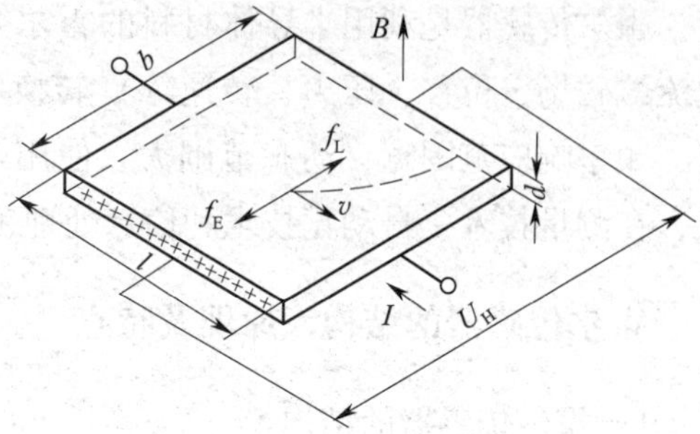

图 5—2—3　霍尔效应示意图

3．霍尔元件的主要技术参数

（1）输入电阻

霍尔元件两激励电流端的直流电阻称为输入电阻。它的数值从几欧到几百欧，视不同型号的元件而定。温度升高，输入电阻减小，从而使输入电流增大，并引起霍尔电压的变化。为了减少这种影响，最好采用恒流源作为激励源。

（2）输出电阻

两个霍尔电压输出端之间的电阻称为输出电阻。它的数值与输入电阻同一数量级，也随温度改变而改变。选择适当的负载电阻与之匹配，可以使由温度引起的霍尔电压的漂移减至最小。

（3）额定激励电流

以霍尔元件允许最大温升为限制所对应的激励电流。

（4）灵敏度

在额定激励电流和单位磁感应强度的作用下，霍尔器件输出端开路时测得的霍尔电压称为灵敏度，表达式为 $K_H = \frac{R_H}{d}$（R_H 为霍尔系数，d 为霍尔片的厚度）。

（5）不等位电势

当输入额定的激励电流时，即使不外加磁场（$B=0$），由于在生产中材料厚度不均匀或输出电极焊接不良等，造成两个输出电压电极不在同一等位面上，在输出电压电极之间有一定的电位差，这种电位差称为不等位电势。使用时多采用电桥法来补偿不等位电势引起的误差。

（6）寄生直流电势

在不加外磁场时，交流控制电流通过霍尔元件，在霍尔电极间产生的直流电势称为寄生直流电势。

（7）霍尔电压温度系数

在一定磁场强度和激励电流的作用下，环境温度每变化 1℃时，霍尔电压变化的百分数称为霍尔电压温度系数，它与霍尔元件的材料有关。

（8）电阻温度系数

电阻温度系数为温度每变化1℃霍尔元件材料的电阻变化率。

4. 霍尔传感器的特点（表5—2—1）

表5—2—1　霍尔传感器的特点

特点	说　明
可测量任意波形的电压和电流	霍尔电流、电压传感器可以测量任意波形的电流和电压参量，如直流、交流和脉冲波形等，也可以对瞬态峰值参数进行测量，其二次侧电路可以如实地反映一次侧电流的波形。这一点普通互感器无法与其相比，因为普通的互感器一般只适用于50 Hz的正弦波
精度高	一般的霍尔电流、电压传感器在工作区域内的精度优于1%，该精度适合于任何波形的测量，而普通互感器精度一般为3%～5%，且只适合于50 Hz的正弦波形
动态性能好	一般霍尔传感器的动态响应时间小于7 μs，跟踪速度高于50 A/μs；霍尔电流、电压传感器以其优异的动态性能为提高现代控制系统的性能提供了关键的基础（无感元件）。一般普通互感器的动态响应时间为10～20 μs，这显然已不适应工业控制系统发展的需要（感性元件）
工作频带宽	可在0～20 kHz频率范围内很好地工作
过载能力强，测量范围大	可测电流范围－10 000～＋10 000 A
可靠性高	平均无故障工作时间大于50 000 h

霍尔元件具有结构简单、体积小、质量轻、频带宽、动态性能好和寿命长等优点，在电磁测量中，用来测量恒定的或交变的磁感应强度、有功功率、无功功率、相位、电能等参数；在自动检测系统中，多用于位移、压力的测量。

二、霍尔传感器的选用

1. 霍尔元件的选用

选择霍尔元件，首先，应根据被测信号的类型（如脉冲、位移等）选择霍尔元件的种类与性能参数。其次，根据应用环境和范围，选择霍尔元件所能适应的环境和场合、所能达到的技术指标等。最后，要考虑霍尔元件的供电要求，一般情况下大部分霍尔元件是以恒流源或恒压源供电。

霍尔元件的基本选择原则如下：

（1）磁场测量

对于精度要求高的磁场测量，一般选用灵敏度较高的砷化镓霍尔元件，其精度不低于±0.5%。

（2）电流测量

大部分霍尔元件可用于电流测量，如果精度要求高时，选用砷化镓霍尔元件；如果精度要求不高时，可选用硅、锗等霍尔元件。

（3）转速和脉冲测量

测量转速和脉冲时，通常选用集成霍尔开关和锑化铟霍尔元件。如 VCD、光驱等设备中的驱动电机采用锑化铟霍尔元件对电动机的位置进行检测，大大提高了电动机的使用寿命。

（4）信号测量

通常利用霍尔电动势与控制电流的大小和被测磁场强弱成正比的原理，且被测磁场与霍尔元件表面的夹角成正弦关系的特性而设计成函数发生器。利用霍尔元件的输出与控制电流和被测磁场成正比的特性，设计并制造功率表、电能表等。

2. 霍尔传感器的应用举例

（1）霍尔接近开关

霍尔接近开关是一个无接触磁控开关，当磁铁靠近时，开关接通；当磁铁远离时，开关断开。常见霍尔接近开关实物图如图 5—2—4 所示。

（2）霍尔式压力传感器

霍尔元件组成的压力传感器包括两部分：一部分是弹性元件，如弹簧管或膜盒等，用它感受压力，并把它转换成位移量；另一部分是霍尔元件和磁路系统，如图 5—2—5 所示，图中的弹性元件是弹簧管，当被测压力发生变化时，弹簧管端部产生位移，带动霍尔片在均匀梯度磁场中移动，作用在霍尔片上的磁场发生变化，输出的霍尔电动势随之改变。

（3）霍尔式转速传感器

霍尔式转速传感器如图 5—2—6 所示，转盘的输入轴与被测转轴相连，当被测转轴转动时，转盘随之转动，固定在转盘附近的霍尔传感器可在每一个小磁场通过时产生一个相应的脉冲，检测出单位时间的脉冲数即可知道被测转速。根据磁性转盘上小磁铁数目就可以确定传感器测量转速的分辨率。

图 5—2—4　霍尔接近开关实物图

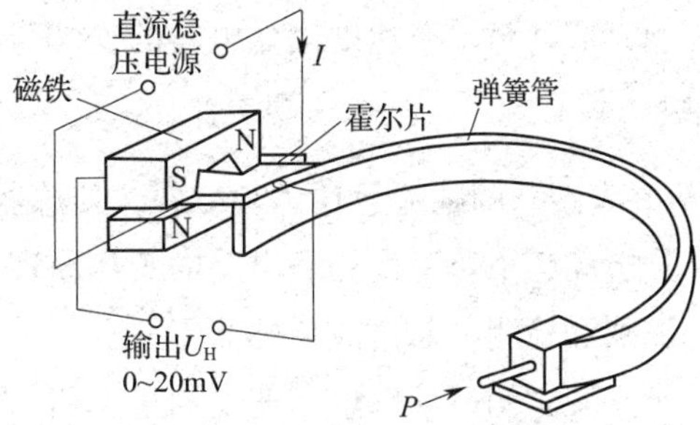

图 5—2—5　霍尔式压力传感器

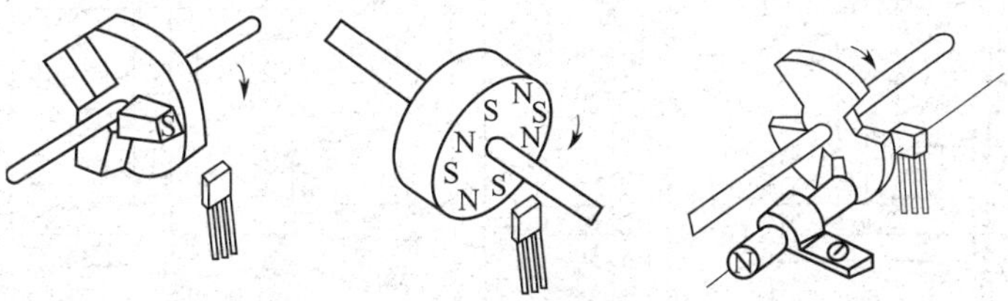

图 5—2—6　霍尔式转速传感器

（4）霍尔式汽车无触点点火装置

传统的机电汽缸点火装置使用机械式的分电器，存在着点火时间不准确、触点易磨损等缺点。采用霍尔开关无触点晶体管点火装置可以克服上述缺点，提高燃烧效率。霍尔式汽车无触点点火装置如图 5—2—7 所示。

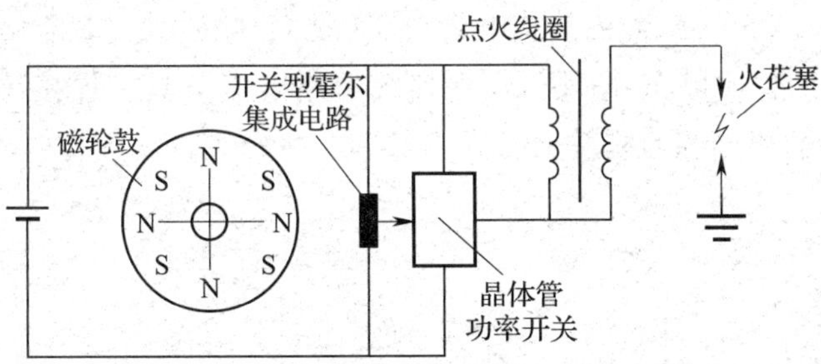

图 5—2—7　霍尔式汽车无触点点火装置

实训 2

基于 UGN3020 霍尔传感器的动感单车速度测量电路的应用

实训目的

1．能识别霍尔集成传感器。

2．掌握动感单车速度测量电路的组成及其工作原理。

3．能完成动感单车速度测量电路的安装与调试。

实训内容

分析并安装、调试基于 UGN3020 霍尔传感器的动感单车速度测量电路（图 5—2—8）。

1．分析动感单车速度测量电路的工作原理。

2．识别和检测霍尔集成传感器。

3．能安装、调试动感单车速度测量电路。

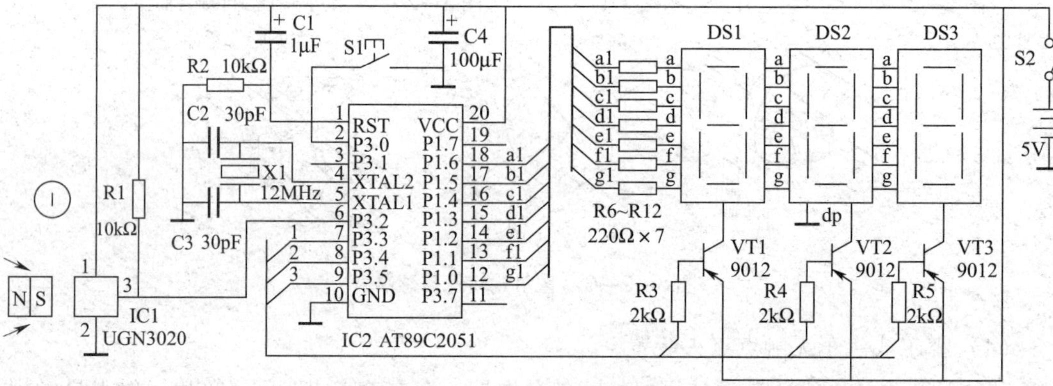

图 5—2—8 动感单车速度测量电路

实训设备与工具

万用表（1 块），25 ~ 35 W 内热式电烙铁（1 把），烙铁架（1 个），松香焊锡丝及小块松香适量，蘸湿的棉质擦布（1 块），焊接练习用电工工具，焊接练习用万用敷铜板（1 块），照明良好的焊接练习实验台。

实训步骤

一、分析测量电路

1．UGN3020 霍尔传感器

在常用的速度传感器中，霍尔传感器由于其体积小、寿命长、安装方便、功耗低等特点，经常被应用于较为精密的测量中。根据测量要求，选用 UGN3020 霍尔传感器作为主要的速度测量元件，其内部结构图和工作特性如图 5—2—9 所示。

2．电路原理分析

动感单车速度测量电路由检测传感器模块、单片机电路和数码显示电路组成。检测模块由永久磁铁和开关型霍尔集成器件 UGN3020 组成。永久磁铁固定在车轮上，UGN3020 固定在车轮的叉架上。电动机上的遮光片每旋转一周，磁铁经过霍尔传感器一次，其输出

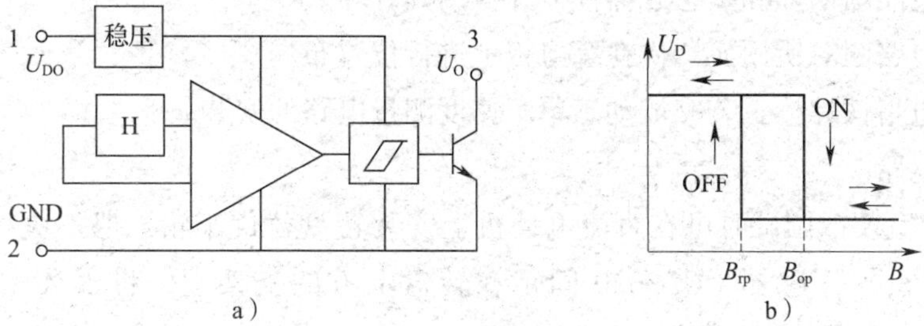

图 5—2—9　UGN3020 霍尔传感器内部结构图和工作特性
a）内部结构图　b）工作特性

引脚 3 就输出一个脉冲信号，此脉冲信号作为单片机 AT89C2051 的外中断信号（从 P3.2 口输入），单片机测量脉冲信号的个数和脉冲周期，根据脉冲信号的个数计算出里程，根据脉冲周期计算出速度并送数码管显示。开关 S1 可以用来进行里程和速度显示的切换，在初始状态下显示的是速度。

二、电路的安装与调试

1．按表 5—2—2 的元器件清单准备电路元器件。

表 5—2—2　　元器件清单

元器件名称	规格型号	数量	备注
碳膜电阻 R1、R2	10 kΩ	2	
碳膜电阻 R3、R4、R5	2 kΩ	3	
碳膜电阻 R6 ~ R12	220 Ω	7	
电解电容 C1	1 μF/50 V	1	
电解电容 C4	100 μF/50 V	1	
瓷片电容 C2、C3	30 pF	2	
按键开关 S1	—	1	
电源开关 S2	—	1	
三极管 VT1、VT2、VT3	9012	3	
数码管 DS1、DS2、DS3	共阳极	3	
开关型霍尔集成器件	UGN3020	1	
单片机芯片	AT89C2051	1	

2. 根据电路图认知和熟悉元器件，并检测其好坏。

3. 根据电路图对所用元器件在练习板上进行位置布局。

4. 使用电烙铁焊接工艺完成动感单车速度测量电路的安装。

5. 调试电路

（1）实验室模拟调试时可在直流电动机上安装转盘替代车轮，把一块小永久磁铁固定在转盘上，霍尔传感器 UGN3020 固定在转盘上方的支架上，将永久磁铁 S 极面向 UGN3020 正面，间隔为 5 mm 左右。

（2）按照电路图将测量电路部分的各元件连接好，并检查其正确性。

（3）对直流电动机供电，看数码管上是否有转速值显示，如果没有，则对其电源和电路进行检查，直到数码管上有数字显示为止。

6. 检测

（1）测量动感单车速度测量电路电源电压 U_{CC} = ____V。

（2）测量 VT1 三极管静态工作点：U_{CE} = ____V，U_B = ____V，I_C = ____A。

（3）将示波器探头接到单片机 6 脚，然后接通电源，使直流电动机带动永久磁铁旋转，观察并在图 5—2—10 中画出示波器检测到的信号波形，要求注明峰—峰值、周期和频率。

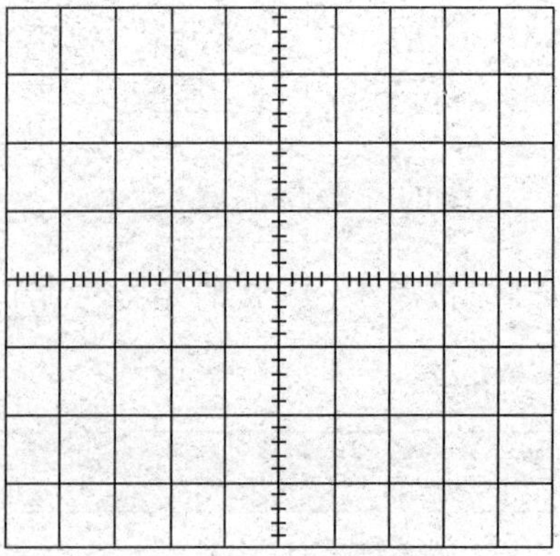

图 5—2—10　信号波形

（4）增大直流电动机电压，观察示波器检测到的脉冲信号频率是否随电动机转速的增加而加快，并根据频率计算出转速。

第六章　光敏传感器

光敏传感器是把光信号变成电信号的一种传感器，其并不局限于检测可见光，有的还可用于检测不可见光（包括红外线、紫外线）。光敏传感器是最常见的传感器之一，它的种类繁多，有光敏电阻传感器、光敏半导体传感器、光导纤维传感器、CCD 图像传感器和热释电红外传感器等，在自动控制和非电量电测技术中占有非常重要的地位。

§6—1　光敏电阻传感器

学习目标

1. 掌握光敏电阻传感器的结构和原理。
2. 熟悉光敏电阻传感器的基本特性。

一、光电效应

光电器件之所以能感受光，是因为它具有光电效应，光电效应是指物体吸收光之后产生电特性变化的物理现象。光电效应可以分为三类：外光电效应、内光电效应和光生伏特效应。

1. 外光电效应

在光线作用下，物体内的电子逸出物体表面并向外发射的现象称为外光电效应，也称光电发射效应。逸出来的电子称为光电子。根据该效应制成的光电器件有光电管、光电倍增管、光电摄像管等。

2. 内光电效应

在光线作用下，物体内部释放出电子，但这些电子并不逸出物体表面，仍然留在物体内部，从而使物体的导电性能发生变化的现象称为内光电效应，也称光电导效应。根据该效应制成的光电器件有光敏电阻等。

3. 光生伏特效应

在光线的作用下，能够使物体产生一定方向电动势的现象称为光生伏特效应。根据该效应制成的光电器件有光电池、光敏二极管、光敏晶体管和光敏晶闸管等。

二、光敏电阻传感器的结构、原理及分类

1. 光敏电阻传感器的基本原理

如图6—1—1所示为光敏电阻传感器的原理与电路符号。在均匀的具有光电导效应的半导体材料两端加上电极，便构成光敏电阻。当光敏电阻的两端加上适当的偏置电压 U_{bb} 后，便有电流 I_p 流过，用检流计可以检测到该电流。改变照射到光敏电阻上的光度量，发现流过光敏电阻的电流 I_p 发生变化，说明光敏电阻的阻值随照射度变化。

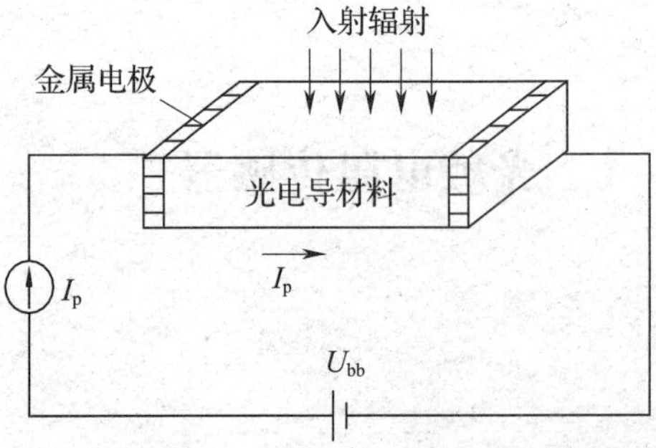

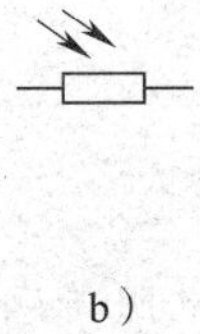

图6—1—1　光敏电阻传感器的原理与符号

a）原理　b）电路符号

2. 光敏电阻传感器的常见类型

根据半导体材料的分类，光敏电阻有两大基本类型：本征型半导体光敏电阻与杂质型半导体光敏电阻。本征型半导体光敏电阻的长波长要短于杂质型半导体光敏电阻的长波长，因此，本征型半导体光敏电阻常用于可见光波段的探测，而杂质型半导体光敏电阻常用于红外波甚至远红外波辐射的探测。

3. 光敏电阻传感器的结构

通过光电导效应可得出以下结论：

（1）光电导材料的光电导灵敏度与光电导材料两电极间的距离有关。

（2）光电导材料在微弱辐射作用下的光电导灵敏度与光敏电阻两电极间距离的平方成反比；在强辐射作用下的光电导灵敏度与光敏电阻两电极间距离的2/3次方成反比。

因此，为了提高光敏电阻的光电导灵敏度，要尽可能地缩短光敏电阻两电极间的距离，这就是光敏电阻结构设计的基本原则。根据光敏电阻的设计原则可以设计3种基本结构，分别是梳形结构、蛇形结构与刻线形结构，如图6—1—2所示。

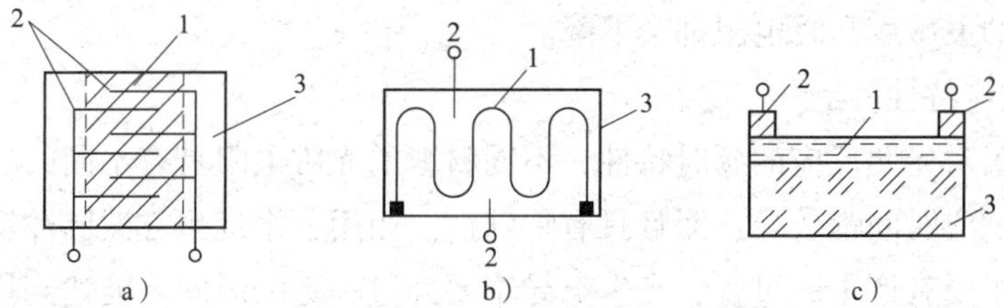

图 6—1—2　光敏电阻结构示意图

a）梳形结构　b）蛇形结构　c）刻线形结构

1—光电导材料；2—电极；3—衬底材料

三、光敏电阻传感器的基本特性

光敏电阻的基本特性包含光电特性、伏安特性、温度特性、时间响应特性等。

1．光电特性

光敏电阻在黑暗的室温条件下，由于热激发产生的载流子使它具有一定的电导，该电导称为暗电导（其倒数为暗电阻），一般的暗电导都很小。当有光照射在光敏电阻上时，它的电导将变大，这时的电导称为光电导。光电导随着光照量变化，光电导越大，光敏电阻就越灵敏，这个特性称为光敏电阻的光电特性。

2．伏安特性

光敏电阻的本质是电阻，符合欧姆定律。因此，它具有与普通电阻相似的伏安特性，但其电阻值是随入射光度量变化的。如图 6—1—3 所示为典型的硫化镉（CdS）光敏电阻两端电压 U 与流过它的电流 I_p 的关系曲线，即伏安特性曲线。

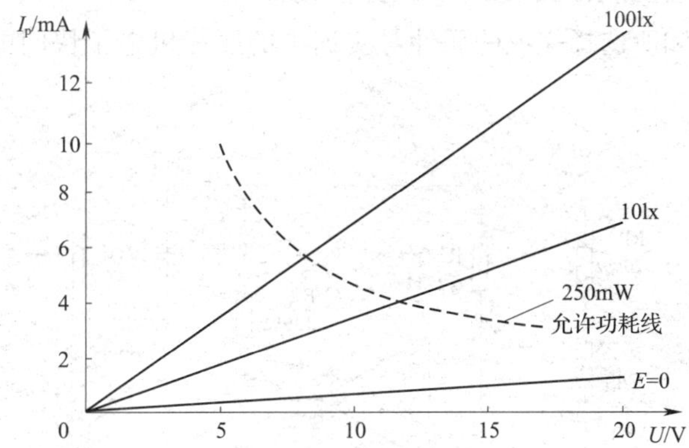

图 6—1—3　典型的 CdS 光敏电阻伏安特性曲线

3．温度特性

光敏电阻为多数载流子导电的光电器件，具有复杂的温度特性。其温度特性与光电导材料有着密切的关系，不同材料的光敏电阻有着不同的温度特性。一般而言，温度升高时，光敏电阻的灵敏度和暗电阻都会下降。

4. 时间响应特性

即光敏电阻对光照反应的延时特性，不同材料的光敏电阻具有不同的响应时间。大多数光敏电阻的响应时间都较长，而且具有特殊性。当用一个理想方波脉冲辐射照射光敏电阻时，光生电子要有产生的过程，光生电导率要经过一定的时间才能达到稳定；当停止辐射时，复合光生载流子也需要时间，说明光敏电阻具有较大的惯性。

光敏电阻灵敏度高，反应速度快，光谱特性好，在高温、多湿的恶劣环境下还能保持高度的稳定性和可靠性，可广泛应用于照相机、验钞机、光控灯具等。

实训 1

基于光敏电阻传感器的照相机电子快门电路的应用

实训目的

1. 掌握光敏电阻的基本温度特性。
2. 掌握照相机电子快门电路的组成及其工作原理。
3. 能完成照相机电子快门电路的安装与调试。

实训内容

分析并安装、调试照相机电子快门电路（图 6—1—4）。

1. 分析实训给出的照相机电子快门电路原理图。
2. 根据原理图和所选择完成的元件对实训中的照相机电子快门电路进行焊接，并完成相应功能的调试。

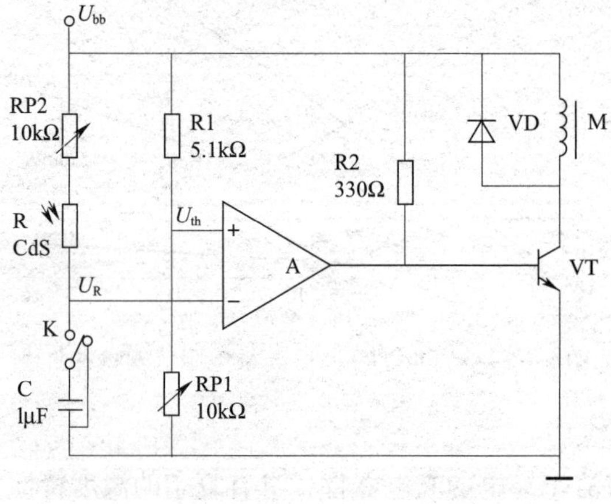

图 6—1—4　照相机电子快门电路原理图

实训设备与工具

万用表（1块），25～35 W 内热式电烙铁（1把），烙铁架（1个），松香焊锡丝及小块松香适量，蘸湿的棉质擦布（1块），焊接练习用电工工具，焊接练习用万用敷铜板（1块），照明良好的焊接练习实验台。

实训步骤

一、分析测量电路

1．光敏电阻的选择

电子快门常采用与人眼光谱响应接近的 CdS 光敏电阻，亮电阻（10 lx 光源下）为 8～20 kΩ，暗电阻为0.5 MΩ。

2．电路原理分析

电路原理图如图6—1—5 所示。光敏电阻 R、开关 K 和电容 C 构成充电电路，电压比较器 A 和晶体管 VT 构成驱动放大电路。电源电压 U_{bb}为3.3～5 V。

在初始状态下，即在暗电阻状态下，开关 K 处于图示位置，电压比较器 A 的正入端电位为 R1 与 RP1 分电源电压 U_{bb}所得阈值电压 U_{th}（一般为1～1.5 V），负输入端电位 U_R近似为电源电压 U_{bb}，显然其负输入端电位高于正输入端电位，比较器输出为低电平，晶体管 VT 截止，电磁铁 M 不吸合，开门叶片闭合。

按动快门按钮时，即在亮电阻状态下，开关 K 与光敏电阻 R 及 RP2 构成的测光与充电电路接通，这时，电容 C 两端的电压 U_C为0。由于电压比较器 A 的负输入端电位低于正输入端而使输出为高电平，晶体管 VT 导通，电磁铁 M 将带动快门的叶片打开快门，照相机开始曝光。快门打开的同时，电源 U_{bb}通过电位器 RP2 与光敏电阻 R 向电容 C 充电，且充电的速度取决于景物的照度，景物照度越高，光敏电阻 R 的阻值越低，充电速度越快。当电容 C 两端的电压 U_C充电到一定的电位（$U_R \geqslant U_{th}$）时，电压比较器 A 的输出电压将由高变低，晶体管 VT 截止而使电磁铁 M 断电，快门叶片又重新关闭。调整电位器 RP1 可以调整阈值电压 U_{th}；调整电位器 RP2，适当调整电容 C 的充电速度，就可以调整照相机的曝光时间，使照相机曝光时间的控制适应照片底片感光度的要求。

二、电路的安装与调试

1．按表6—1—1 的元器件清单准备电路元器件。

表 6—1—1　　　　元器件清单

元器件名称	规格型号	数量	备注
电位器 RP1	10 kΩ	1	
电位器 RP2	10 kΩ	1	
碳膜电阻 R1	5.1 kΩ	1	
碳膜电阻 R2	330 Ω	1	
二极管 VD	1N4001	1	
电磁铁 M	DC 5 V	1	
三极管 VT	9014	1	
运算放大器 A	LM393	1	
CdS 光敏电阻 R	LXD3526	1	
瓷片电容器 C	1 μF	1	
开关 K	微型按钮开关	1	

2. 按照图中标定的电路元件规格型号进行图纸和元件的熟悉和认知。

3. 根据电路原理图对所用元器件在练习板上进行位置布局。

4. 使用电烙铁焊接工艺完成照相机电子快门电路板的安装。

5. 检查无误后进入通电调试过程。

§6—2　光敏半导体传感器

学习目标

1. 掌握光敏半导体传感器的结构和原理。

2. 熟悉光敏半导体传感器的基本特性。

一、光敏二极管

光敏二极管是最简单、最具有代表性的光敏半导体器件。其中，PN 结硅光敏二极管为最基本的光敏半导体器件，其他同类器件都是在它的基础上为提高某方面的特性而发展起来的。

1. 光敏二极管的结构

光敏二极管可分为以 P 型硅为衬底的 2DU 型和以 N 型硅为衬底的 2CU 型两种结构形

式。如图 6—2—1 所示为 2DU 型光敏二极管的结构及其电路符号，在高阻（轻掺杂）P 型硅片上通过扩散或注入的方式生成很浅的 N 型层，形成 PN 结。

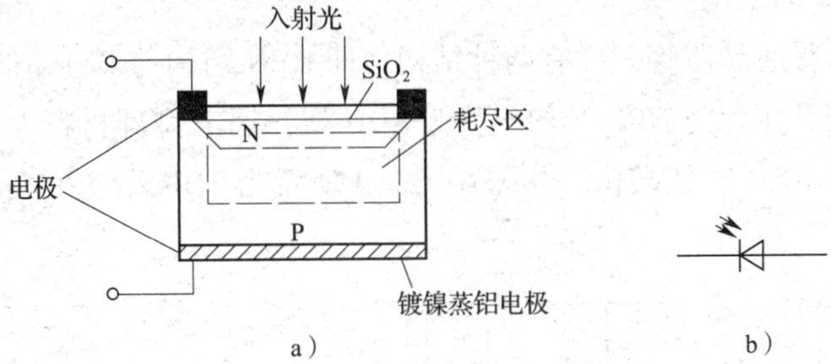

图 6—2—1　2DU 型光敏二极管

a）结构　b）电路符号

2. 光敏二极管的工作原理

光敏二极管的工作原理如图 6—2—2 所示。当光子入射到 PN 结形成的耗尽层内时，PN 结中的原子吸收了光子的能量，并产生本征吸收，激发出电子—空穴对，在耗尽区内建电场的作用下，空穴被拉到 P 区，电子被拉到 N 区，形成反向电流，该电流即为光电流。光电流在负载电阻 R_L 上产生与入射光度量相关的信号输出。

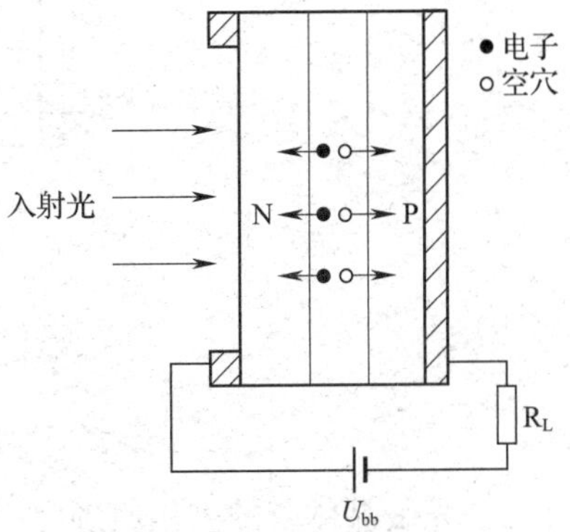

图 6—2—2　2DU 型光敏二极管的工作原理

3. 光敏二极管的基本特性

（1）光谱特性

以等功率的不同单色辐射波长的光作用于光敏二极管时，其电流灵敏度（入射到光敏二极管光敏面上的辐射量变化时，将产生电流的变化，电流变化与辐射量变化之比称为光敏二极管的电流灵敏度）与波长的关系称为光谱特性。

（2）时间响应特性

以频率 f 调制的光辐射作用于 PN 结光敏二极管的光敏面时，PN 结光敏二极管电流的产生经过 3 个过程，分别是：

1）在 PN 结区内产生的光生载流子渡越结区的时间，在此区间光生载流子以漂移运动的方式渡越结区，故称这段时间为漂移时间。

2）在 PN 结区外产生的光生载流子需要扩散到 PN 结内才能产生电流，称这段时间为扩散时间。

3）由于 PN 结电容和管芯电阻及负载电路构成 RC 时间的延迟，称这段时间为延迟时间。

（3）噪声特性

光敏二极管的噪声包含低频噪声、散粒噪声和热噪声。

二、光敏晶体管

1．光敏晶体管的结构

光敏晶体管与普通晶体管一样有两种结构，即 NPN 结构与 PNP 结构。用 N 型硅材料为衬底制作的光敏晶体管为 NPN 结构，称为 3DU 型；用 P 型硅材料为衬底制作的光敏晶体管为 PNP 结构，称为 3CU 结构。如图 6—2—3 所示为 3DU 型光敏晶体管的结构及电路符号。

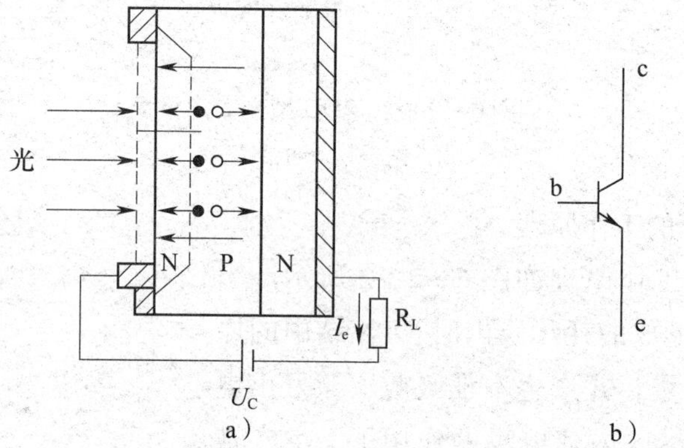

图 6—2—3　3DU 型光敏晶体管

a）结构　b）电路符号

2．光敏晶体管的工作原理

光敏晶体管的工作原理分为光电转换和光电流放大两个过程。下面以 NPN 型硅光敏晶体管为例，说明其工作原理（图 6—2—4）。

光电转换过程与一般光敏二极管相同，在集—基 PN 结区进行。光激发产生的电子—空穴对在反向偏置的 PN 结内电场作用下，电子流向集电区被集电极所收集，而空穴流向基区，与正向偏置的发射电子流一起形成基极电流 I_b，基极电流 I_b 放大 β 倍就是集电极电流 I_c，这与晶体管的放大原理相同。不同的是一般晶体管是由基极向发射结注入空穴载流子控制发射极的扩散电流，而光敏晶体管是由注入发射结的光生电流控制。

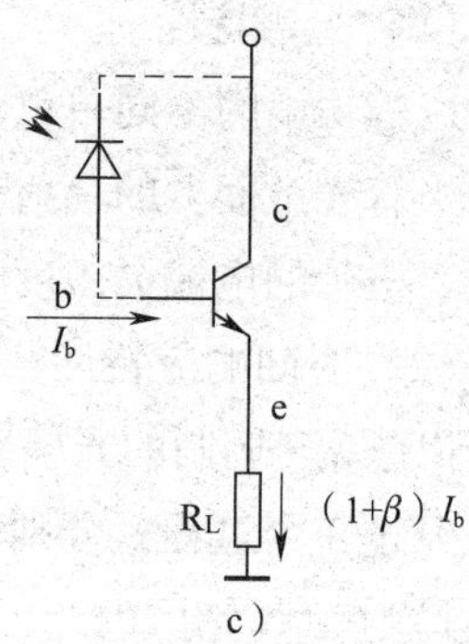

图 6—2—4　3DU 型光敏晶体管的工作原理

3．光敏晶体管的基本特性

（1）伏安特性

光敏晶体管在偏置电压为零时，无论光照度有多强，集电极电流都为零，说明光敏晶体管必须在一定的偏置电压作用下才能工作，偏置电压要保证光敏晶体管的发射结处于正向偏置，而集电结处于反向偏置。

(2) 时间响应特性

光敏晶体管的时间响应与 PN 结的结构及偏置电路等参数有关，而且与光敏晶体管输出电流有关。增大输出电流可以缩短响应时间，提高光敏晶体管的频率响应。

(3) 温度特性

光敏晶体管的暗电流和光电流均与温度有关。

(4) 光谱特性

光敏晶体管与光敏二极管具有相同的光谱特性。

光敏二极管和光敏晶体管的应用非常广泛，如光耦合器、亮度测量等，应根据实际应用场合进行选择。

实训 2

基于光敏二极管的简易光控电子开关电路的应用

实训目的

1. 掌握光敏二极管的基本温度特性。
2. 掌握光敏二极管光控电路的组成及其工作原理。
3. 能完成光控电子开关电路的安装与调试。

实训内容

分析并安装、调试简易光控电子开关电路（图 6—2—5）。

1. 分析实训给出的简易光控电子开关电路原理图。

2. 根据原理图和所选择完成的元件对实训中的简易光控电子开关电路进行焊接，并完成相应功能的调试。

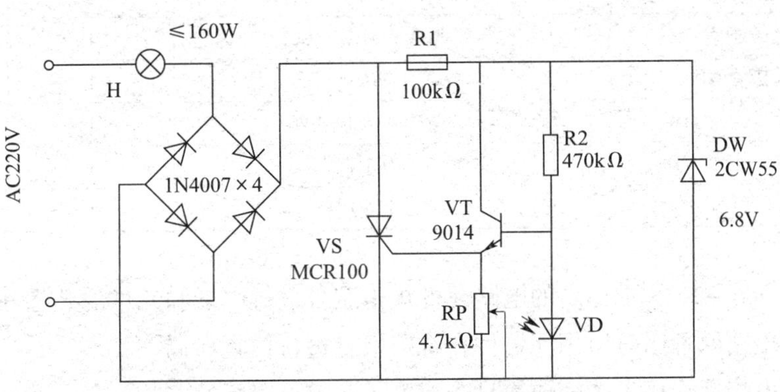

图 6—2—5　简易光控电子开关电路

实训设备与工具

万用表（1 块），25 ~ 35 W 内热式电烙铁（1 把），烙铁架（1 个），松香焊锡丝及小块松香适量，蘸湿的棉质擦布（1 块），焊接练习用电工工具，焊接练习用万用敷铜板（1 块），照明良好的焊接练习实验台。

实训步骤

一、分析测量电路

如图 6—2—5 所示，220 V 交流电通过灯泡 H 及整流桥后，变成直流脉动正向偏压，加在晶闸管及支路上，当亮度较大时，光敏二极管 VD 呈低阻状态（≤1 kΩ），使三极管 VT 截止，其发射极无电流输出，单向晶闸管 VS 因无触发电流而阻断，此时流过灯泡 H 的电流≤2.2 mA，灯泡不能发光，电阻 R1 和稳压二极管 DW 使三极管 VT 偏压不超过 6.8 V，对其起保护作用；当亮度小于一定程度时，光敏二极管 VD 呈高阻状态（≥100 kΩ），使三极管 VT 正向导通，发射极约有 0.8 V 的电压，使晶闸管 VS 触发导通，灯泡 H 发光。调节 RP 可以调节灯泡 H 的亮暗。

二、电路的安装与调试

1．按表 6—2—1 的元器件清单准备电路元器件。

表 6—2—1　　元器件清单

元器件名称	规格型号	数量	备注
碳膜电阻 R1	100 kΩ	1	
碳膜电阻 R2	470 kΩ	1	
电位器 RP	4.7 kΩ	1	
整流桥	1 A，400 V，1N4007	4	
单向晶闸管 VS	6 V，MCR 100	1	
三极管 VT	9014	1	
稳压二极管 DW	6.8 V，1/4 W	1	
光敏二极管 VD	2CU1C	1	
灯泡 H	≤160 W	1	

2．按照图 6—2—5 中标定的电路元件规格型号进行图纸和元件的熟悉和认知。

3．根据电路原理图对所用元器件在练习板上进行位置布局。

4．使用电烙铁焊接工艺完成简易光控电子开关电路板的安装。

5．检查无误后进入通电调试过程。

6. 根据调试过程写出电路调试结论。

§6—3　光纤传感器

学习目标

1. 熟悉光纤及光纤传感器的结构、原理及分类。
2. 了解光纤传感器的特点及应用。

光导纤维简称光纤，是20世纪后期发展起来的新型光电子技术材料，在20世纪70年代开始用于传感器领域。光纤传感器是把光信号转换成电信号，可以直接检测引起光量变化的非电荷量。光纤传感器是将待测量和光纤内的光导联系起来形成的。

光纤传感器具有良好的传光性能，它的体积小、质量轻、灵敏度高，并且可以在强电磁干扰、高温高压、化学腐蚀等恶劣条件下工作，同时它还便于与计算机相连，具有智能化和远距离监控等优点。因此，光纤传感器广泛地应用于压力、温度、角速度、加速度、振动磁场等物理量的测量，同时它还广泛地应用于医疗、交通、电力、机械、航空航天等高科技领域。

一、光纤结构及传光原理

1. 光纤的结构

光纤是一种用于传输光信息的多层介质结构的对称圆柱体，基本结构包括纤芯、包层、涂覆层、外层，如图6—3—1所示。纤芯的材料主体是由石英玻璃或塑料制成的圆柱体，直径为5～150 μm。围绕着纤芯的一层称为包层，直径为100～200 μm，也由石英玻璃或塑料制成，纤芯的折射率稍大于包层的折射率。包层外是涂覆层，其作用是保护光纤不受外来损害，增加光纤的力学强度。光纤的最外层是一层不同颜色的塑料管套，一方面起保护作用，另一方面可用颜色来区分各种光纤。

2. 光纤的传光原理

光纤就是利用光的完全内反射原理传输光波的一种媒质。光导纤维由高折射率的纤芯 n_1 和低折射率的包层 n_2 组成，如图6—3—2所示。当光线由折射率较大的光密介质（纤芯）射向折射率较小的光疏介质（包层）时，就会产生折射和反射。如果加大入射角，即入射光不进入包层，全部被纤芯和包层的交界面反射，并在光纤内部以同样的角度不断地反射，成“之”字形向前传播，这样光波就从光纤的一端迅速传播到另一端。

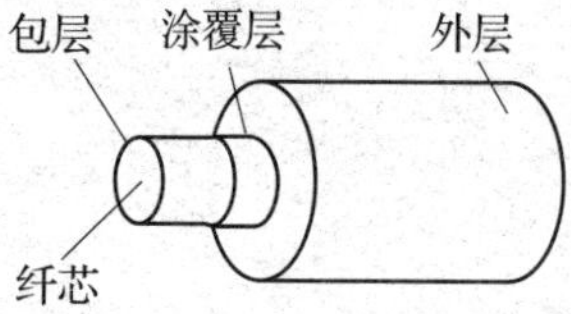

图6—3—1　光纤的基本结构

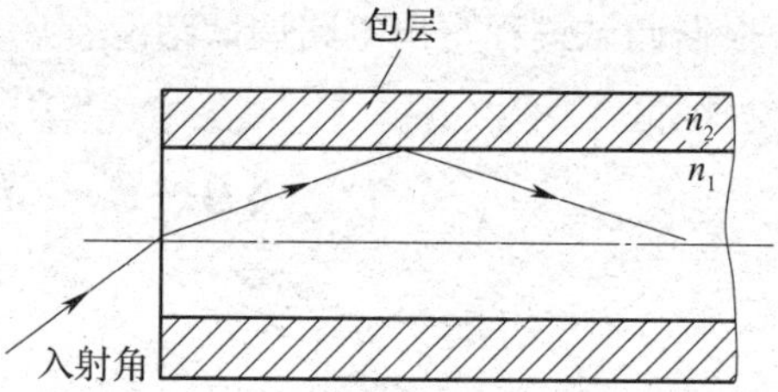

图6—3—2　光在光纤中传播

二、光纤传感器的组成与分类

1．光纤传感器的组成

光纤传感器一般由光源、光纤、光传感元件（光电探测器）、光电转换元件（光调制机构）和信号处理等部分组成。其原理为：光源发出光，经过光纤进入光传感元件，在光传感元件中受到周围环境的影响而发生变化的光再进入调制机构，由调制机构将光传感元件测量、检测的参数调制成幅度、相位等信息，最后利用微处理器进行信号处理后，将信号输出，如图6—3—3所示。

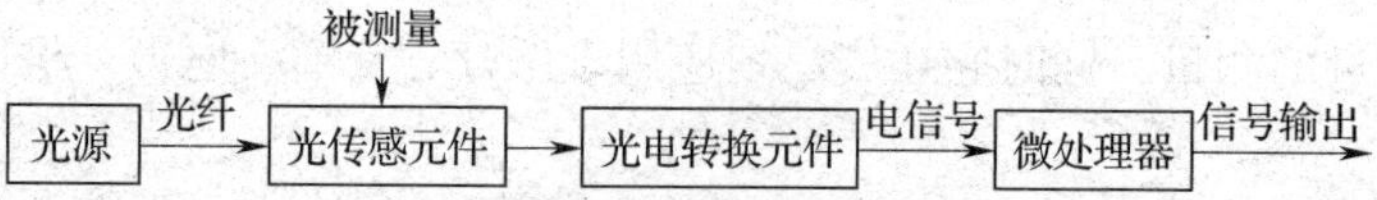

图6—3—3　光纤传感器结构图

2．光纤传感器的分类

光纤传感器有很多种分类方法，下面按照光纤传输模数和光纤在传感器中的作用来分类。

(1) 按光纤传输模数分类

按光纤传输模数可分为单模光纤传感器和多模光纤传感器两大类。

1）单模光纤传感器。单模光纤通常指阶跃型的，直径很小的光纤，其特点是：纤芯折射率是均匀阶跃分布的，包层内的折射率分布大体也是均匀的，折射率为常数。光纤传输模数很小，原则上只能传送一个模的光纤，常用于光纤传感器的纤芯直径仅有几微米，十分接近波长的情况下，传输性好，频带宽，具有较好的线性。但因单模光纤纤芯小，难以制造和耦合。

2）多模光纤传感器。多模光纤通常指阶跃型的，直径很大，传输模数较多的光纤。多模光纤的纤芯直径达几十微米以上，纤芯直径大于波长。这类光纤性能较差，带宽较窄，但容易制造，耦合方便。

(2) 按光纤在传感器中的作用分类

按光纤在传感器中的作用可分为两大类：一类是光导型（也称非功能型）光纤传感

器，简称 NFF 型传感器，多数使用多模光纤。另一类是传感型（也称功能型）光纤传感器，简称 FF 型传感器，使用单模光纤。

1）光导型光纤传感器（非功能型传感器）。其光纤的作用仅作为传播光的介质，不是敏感元件，即只传不感，对外界信息的“感觉”只能依靠其他物理性质的功能元件完成。传感器中的光纤不是连续的，中断的部分要接上其他介质的敏感元件，调制器可能是光谱变化的敏感元件或其他敏感元件。

光导型光纤传感器又分为两种：一种是将敏感元件置于发射、接收的光纤中间，由敏感元件遮挡光路，使敏感元件的光透过率发生某种变化，这样受光的光敏元件所接收的光量就成为被测对象参数调制后的信号，如图 6—3—4a 所示。另一种是在光纤终端设置“敏感元件 + 发光元件”的组合体，敏感元件感知被测对象参数的变化，并将其转换为电信号输出给发光元件，光敏元件以发光强度作为测量信息，如图 6—3—4b 所示。在实际应用中要求光纤能传更多的光量，所以采用多模光纤。

2）传感型光纤传感器（功能型光纤传感器）。该传感器是利用对外界信息具有敏感能力和检查功能的光纤作为传感元件，将“传”和“感”合为一体的传感器。这类传感器不仅起传光的作用，而且还利用光纤在外界因素（弯曲、相变）的作用下使其光学特性发生变化（光强、相变等）的特性，实现了“传”和“感”的功能。这类传感器中的光纤是连续的，如图 6—3—4c 所示。这类传感器又分为光强调制型、相位调制型、偏振态调制型、波长调制型等。由于光纤本身也是敏感元件，所以加长光纤的长度也可以提高灵敏度。

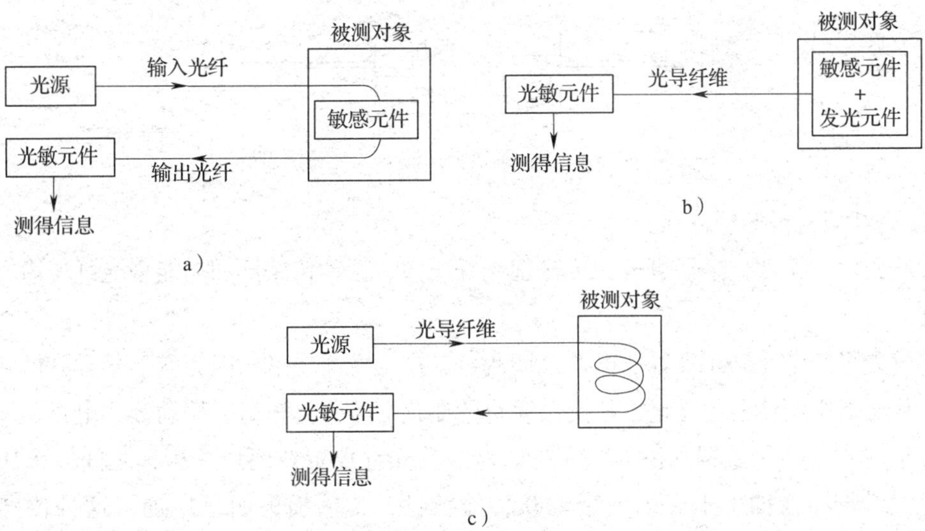

图 6—3—4　光纤传感器原理结构图

a）非功能型光纤 1　b）非功能型光纤 2　c）功能型光纤传感器

功能型光纤传感器在结构上比光导型光纤传感器简单，因为光纤是连续的，可以少用一些光耦合器件，但是为了光纤能接受外界物理量的变化，往往需要采用特殊光纤探头，这样就增加了传感器的制造难度，所以结构也比较复杂，调整比较困难。

三、光纤传感器的应用举例

1．温度的检测

光纤温度传感器具有抗电磁干扰、绝缘性能高、耐腐蚀、使用安全等特点，应用越来越广泛。

（1）遮光式光纤温度计

如图 6—3—5 所示为一种简单利用水银柱来升降温度的光纤温度开关。当温度升高，并上升到某一设定温度时，水银柱将两根光纤间的光路遮断，从而使输入的光强产生一个跳变。这种光纤温度计可用于对设定温度的控制，温度设定值灵活。

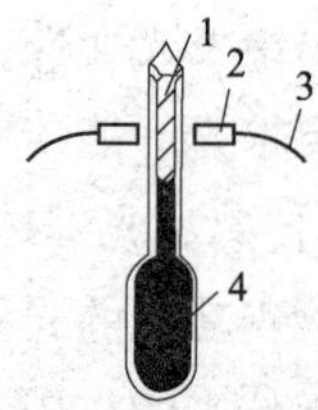

图 6—3—5 水银柱式光纤温度开关

1—浸液；2—自聚焦透镜；3—光纤；4—水银

（2）双金属热变形遮光式温度计

如图 6—3—6 所示，当温度升高时，双金属的变形量增大，带动遮光板在垂直方向产生位移，从而使输出光强发生变化。这种形式的光纤温度计能测量 10～50℃的温度，检测精度约为 0.5℃。它的缺点是输出光强受壳体振动的影响，且响应时间较长，一般需要几分钟。

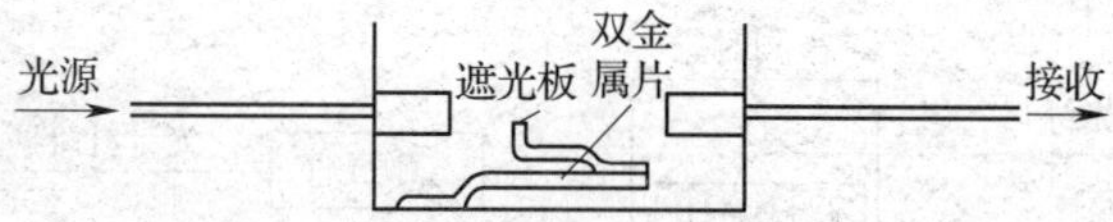

图 6—3—6 双金属热变形遮光式光纤温度计

2．光纤压力、振动传感器

光纤压力、振动传感器可分为传输型光纤压力、振动传感器和功能型光纤压力、振动传感器。

多模光导纤维受到压力等非电荷量调制后，产生弯曲变形，因为变形导致其散射损失增加，从而减少所传输的光量，检测出光量的变化即可测知压力、振动等非电量。

多重曲折压力传感器如图 6—3—7 所示。将光纤放置在两块承压板之间，承压板受压后使光纤产生弯曲变形，因而影响其传输特性，传输损失明显增加，这种传感器对压力变化具有较高的灵敏性，可检测的最小压力为 100 μPa。光纤振动传感器如图 6—3—8 所示。将光纤弯曲成 U 形结构，在 U 形光纤顶部加上 50 μm 的振幅振动力，在输出端可测出光强有百分之几的振幅调制输出光，利用这一原理测量振动。

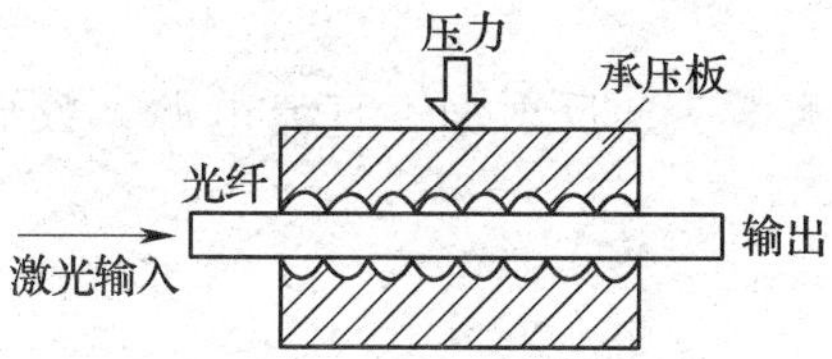

图6—3—7 多重曲折压力传感器

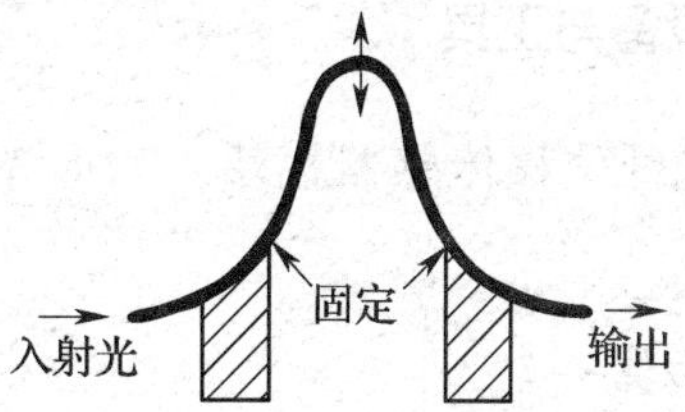

图6—3—8 光纤振动传感器

传输型光纤压力、振动传感器是在光纤的一个端面上配上一个压力敏感元件和振动敏感元件构成的，光纤本身只起着光的传导作用。这类传感器不存在电信号，所以应用于医疗方面比较安全。

实训 3

基于光纤传感器的光纤位移测量电路的应用

实训目的

1. 进一步了解光纤传感器的工作原理。
2. 能通过观察光纤传感器的结构，判断其测量精度的水平。
3. 掌握光纤传感器的使用方法。

实训内容

分析并安装、调试光纤位移测量电路。

1. 分析光纤传感器测位移的原理。
2. 根据安装示意图（图6—3—9）对光纤位移测量电路进行安装及调试。

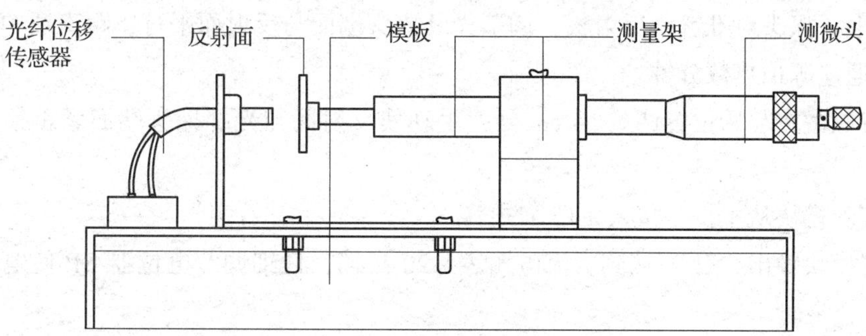

图6—3—9 光纤位移传感器安装示意图

实训设备与工具

光纤位移传感器模块、Y 形光纤传感器、测微头、反射面、直流电源、数显电压表。

实训步骤

一、分析测量原理

光纤传感器工作原理如图 6—3—10 所示。光纤采用 Y 形结构，两束多模光纤合并于一端组成光纤探头，一束为接收光纤，另一束为光源光纤。红外二极管发出的红外光经过光源光纤照射至被测物，由被测物反射的光信号经接收光纤传输至光电传感器转换为电信号，反射光的强弱与反射物和探头的距离成一定的比例关系，通过对光强的检测就可得到位置量的变化。

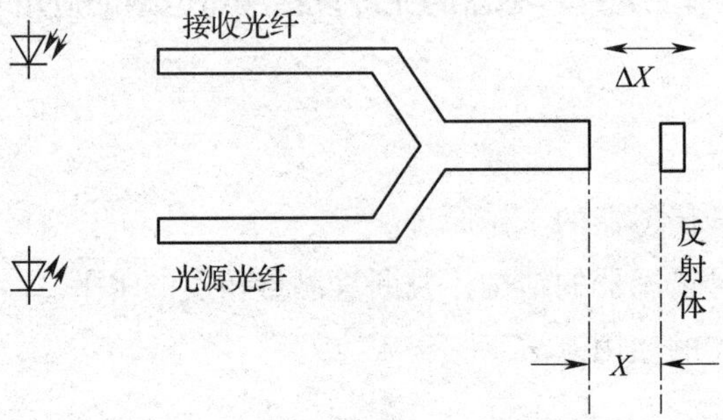

图 6—3—10　Y 形光纤传感器原理图

二、电路的安装与调试

1. 光纤传感器的安装示意图如图 6—3—9 所示。将 Y 形光纤安装在光纤位移传感器实验模块上；探头对准镀铬反射板，调节光纤探头端面与反射面平行，距离适中；固定测微头。接通电源预热数分钟。

2. 将测微头起始位置调到 14 cm 处，手动使反射面与光纤探头端面紧密接触，固定测微头。

3. 实验模块从主控台接入 ±15 V 电源。

4. 将模块输出“U_o”接到直流电压表 ×20 V 挡，仔细调节电位器 RP 使电压表显示为零。

5. 旋动测微头，使反射面与光纤探头端面距离增大，每隔 0. 1 mm 读一次输出电压值，并将数据记录于表 6—3—1 中。

表 6—3—1　　测试数据记录

X（mm）										
U_o（V）										

§6—4　CCD 图像传感器

学习目标

1. 掌握 CCD 图像传感器的结构、原理与分类。
2. 熟悉 CCD 图像传感器的应用。

一、CCD 图像传感器的结构

电荷耦合器件（Charge - coupled Device，CCD）具有光电转换、信息存储、延时和将电信号按顺序传送的功能，而且集成度高、功耗低，已成为图像数字化处理必不可少的器件。

CCD 图像传感器是按一定规律排列的 MOS（金属—氧化物—半导体）电容器组成的阵列，其结构示意图如图 6—4—1 所示。在 P 型或 N 型硅衬底上生长一层很薄（约 1 200Å）的二氧化硅，再在二氧化硅薄层上依次沉积金属或掺杂多晶硅电极，形成规则的 MOS 电容阵列，再加上两端的输入及输出二极管就构成了 CCD 芯片。

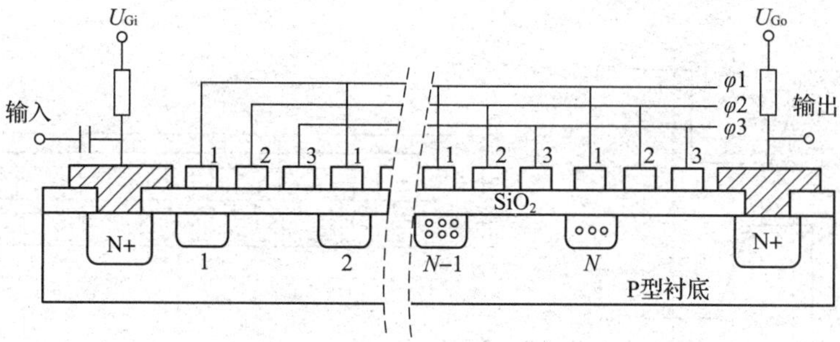

图 6—4—1　CCD 结构示意图

二、CCD 图像传感器的原理

CCD 图像传感器是以电荷作为信号，而不同于其他大多数器件是以电流或电压为信号。其工作原理是被摄物体反射光线到 CCD 器件上，CCD 图像传感器根据光的强弱积聚相应的电荷，产生与光电荷量成正比的弱电压脉冲信号，经过滤波、放大处理，通过驱动电路输出一个能表示敏感物体光强弱的电信号或标准的视频信号。

三、CCD芯片的驱动时序

若衬底是P型，在栅极加正电压，衬底接地，则在 SiO_2 和衬底之间形成一个对电子来说的势阱，这个势阱具有储存电荷的功能。图6—4—1中，每个光敏元件（像素）对应有三个转移栅电极，光照射到光敏元件上，会产生电子—空穴对（入射光强则产生电荷多，弱则产生电荷少），电子被吸入势阱中；无光照的光敏元件则无光生电荷。在无转移时钟前，把光的强弱变成与其成正比的电荷数量。

通过转移时钟 φ_1、φ_2、φ_3 实现电荷的转移和输出，φ_1、φ_2、φ_3 的时序如图6—4—2所示。其工作原理是：t_1 时刻，φ_1 是高电平，于是在电极1下形成势阱，并将电子吸引在 SiO_2 和衬底交界处，如第 $N-1$ 个光敏元产生的电子，而 φ_2、φ_3 是低电平；t_2 时刻，φ_1 的高电平有所下降，φ_2 变成高电平，φ_3 仍是低电平，这样电极2下的势阱最深，且和电极1下的势阱交迭，因此，存储在电极1下面势阱中的电荷逐渐扩散并漂移到电极2下面的势阱中，电极3上的电平无变化（势阱中的电荷不能往电极3下面漂移和扩散）；t_3 时刻，φ_1 变成低电平，φ_2 仍为高电平，φ_3 仍为低电平，电荷被完全转移到电极2下面的势阱中，这样便完成了电荷从电极1到电极2的转移。如此继续下去，在最靠近输出端的第 N 个光敏元件所产生的电荷被第一个输出，第 $N-1$ 个光敏元件的电荷被转移到第 N 个光敏元件的势阱中，这样依次不断地向外输出。根据输出信号的先后顺序可辨别电荷是从哪个光敏元件产生的，根据输出信号的大小可判断该光敏元件受光的强弱。其电荷转移过程如图6—4—3所示。

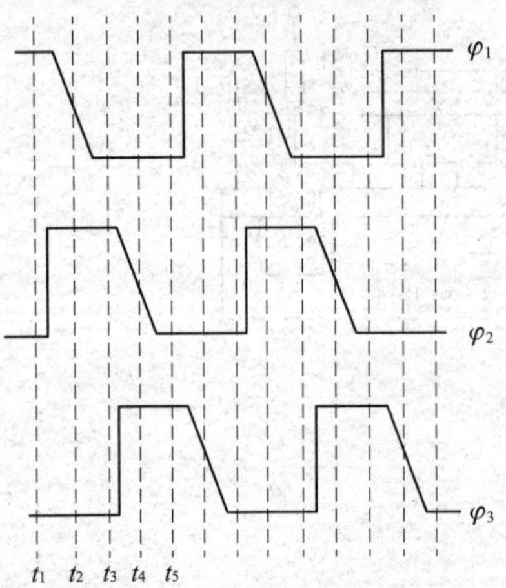

图6—4—2 转移时钟的时序

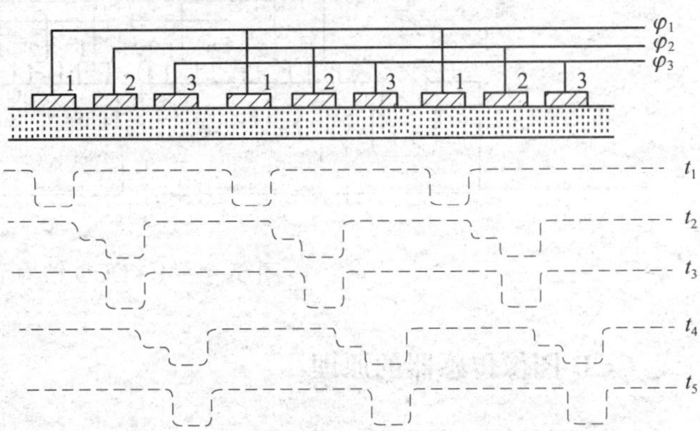

图6—4—3 电荷转移过程

四、CCD 图像传感器的分类

CCD 图像传感器按光敏元件的排列方式有线阵和面阵之分。线阵是指在一块硅芯片上制造了紧密排列的许多光敏元件，它们排列成一条直线，感受一维方向的光强变化；面阵是指将光敏元件排列成二维平面矩阵，感受二维图像的光强变化。线阵的光敏元件数目从 256 个到 4 096 个甚至更多；而在面阵中，光敏元件的数目可以是 600 × 500 个、4 096 ×4 096 个等。CCD 图像传感器按色彩还有单色和彩色之分，其中，彩色 CCD 图像传感器可拍摄色彩逼真的图像。

五、CCD 图像传感器的选用

1．CCD 图像传感器的选择

（1）采样频率的选择。根据采样定理，若已知图像的最大空间频率 K（线数/mm），则采样频率应大于 $2K$。例如，已知 $K=40$ 线/mm，则采样频率 >80 线/mm，即采样尺寸 =1/80 mm =12. 5 μm（分辨率）。

（2）合理选择动态特性，保证转换后图像不失真。若 CCD 的动态响应截止频率为 f，则所测量的图像光强随时间变化的频率不能大于 $2f$。

2．CCD 图像传感器的应用

CCD 图像传感器除了大规模应用于数码相机外，还广泛应用于摄像机、扫描仪以及工业领域等。此外，在医学中为诊断疾病或进行显微手术等而对人体内部进行的拍摄中，也大量应用了 CCD 图像传感器及相关设备。

如常用 CCD 图像传感器进行工件尺寸自动检测。通常，自动检测工件尺寸的系统有一个测量台，在其上装有光学系统、图像传感器和微处理器等。被测工件成像在 CCD 图像传感器的光敏阵列上，产生工件轮廓的光学边缘；时钟和扫描脉冲电路对每个光敏元件依次询问，视频输出馈送到脉冲计数器，并把时钟也选送入脉冲计数器；启动阵列扫描的扫描脉冲用来把计数器复位到零，复位之后，计数器计算和显示由视频脉冲选通的总时钟脉冲数，显示数 N 就是工件成像覆盖的光敏元件数目，根据该数目即可计算工件尺寸。如图 6—4—4 所示为 CCD 图像传感器的成像原理。

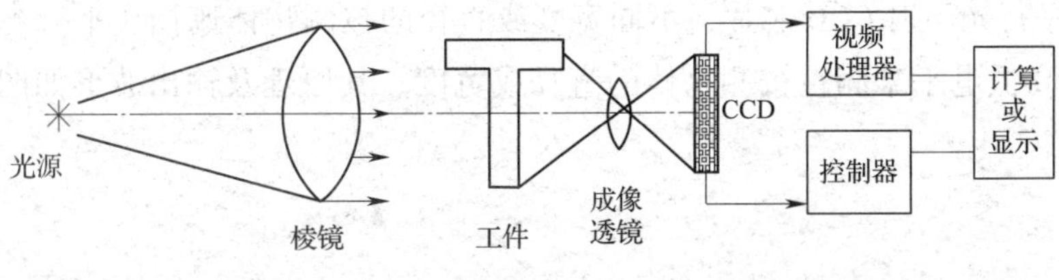

图 6—4—4 CCD 图像传感器的成像原理

实训 4

基于 Ilx511 CCD 图像传感器的金属片宽度测量

实训目的

1. 熟悉 CCD 图像传感器的测径原理。
2. 能用 CCD 图像传感器测量金属片的宽度。

实训内容

分析 Ilx511 CCD 图像传感器的驱动时序及测径原理，并完成金属片测径训练。

实训设备与工具

CCD 传感器模块，+15 V 直流稳压电源，示波器。

实训步骤

一、认识 Ilx511 CCD 图像传感器

Ilx511 是 SONY 公司生产的一种高灵敏度，低暗电流，内置时钟信号发生器、采样保持电路和放大电路的线阵 CCD 图像传感器，具有 1 024 个像元，每个像元宽 14 μm，采用 5 V 供电，最高输入时钟频率为 2 MHz，积分时间为 10 ms。该传感器广泛应用于电子付款系统的条形码扫描和光学测量仪器。

1. Ilx511 驱动时序

除了电源，Ilx511 需要两路时钟脉冲 φ_{ROG} 和 φ_{CLK}，其驱动时序如图 6—4—5 所示，SHSW 为采样保持电路选择。

2. CCD 测径原理

从如图 6—4—5 所示的驱动时序可以看出，在 CCD 芯片的有效像元上，无光照射时输出为低电平；有光照射时输出为高电平，高电平的幅度反映光的强弱。根据这一原理，可以用一束平行光照射 CCD 芯片，不同宽度或直径的被测物体遮挡住平行光后，可通过 CCD 输出的高低电平来测量被测物体的直径或宽度。其原理及输出波形如图 6—4—6 所示。

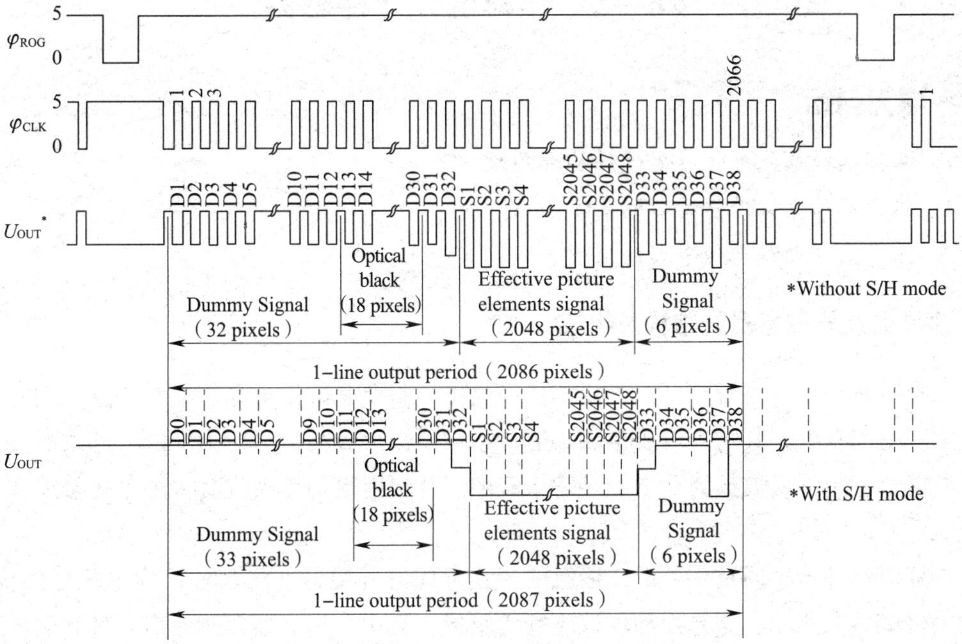

图 6—4—5　llx511 驱动时序

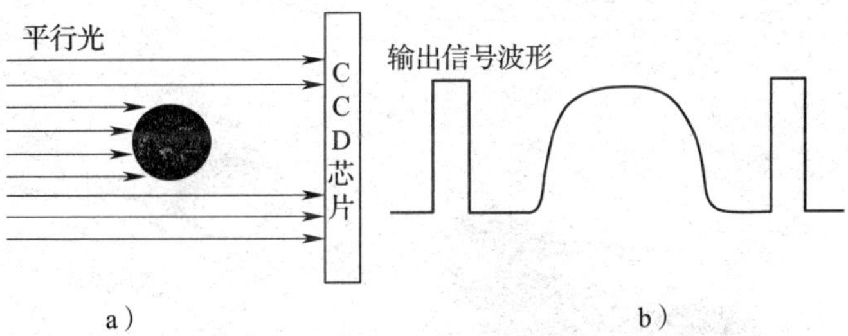

图 6—4—6　CCD 测径原理和输出信号波形

a）CCD 测径原理　b）输出信号波形

二、测径训练

1. 接入 +15 V 直流稳压电源，SHSW 模式切换选择“5 V”。

2. 打开实验台电源，将光强调节旋钮和 ROC 占空比调节旋钮旋到最大位置，用示波器观察 CCD 图像传感器模块的输出信号。

3. 从安装有 CCD 芯片暗盒的缝隙中插入不同宽度的金属薄片，在示波器上观察并测量新增加高电平的宽度。

4. 根据采集到的波形分析并得出被测金属薄片的宽度。

§6—5　热释电红外传感器

学习目标

1. 掌握热释电红外传感器的结构和原理。
2. 熟悉热释电红外传感器的基本组成。
3. 熟悉热释电红外传感器的应用。

一、热释电红外传感器的结构及组成

红外线是一种人眼看不见的光线。任何物体，只要它的温度高于绝对零度，就有红外线向周围空间辐射，其物理本质是热辐射。物体的温度越高，辐射出来的红外线越多，红外线的能量就越强。波长为0.1～1 000 μm 的红外辐射被物体吸收时，可以显著地转化为热能。

热释电红外传感器是一种以非接触的形式感应红外辐射并将其转换为电信号的仪器，主要由传感器探测元、滤光片和场效应管等组成。其中，传感器探测元由一种高热电材料制成，在每个探测器内装有两个反极性串联的探测元，以抑制高温产生的干扰；滤光片使传感器对 10 μm 左右的红外光敏感；场效应管主要用于完成阻抗变换。其外形及结构示意图如图 6—5—1 所示。

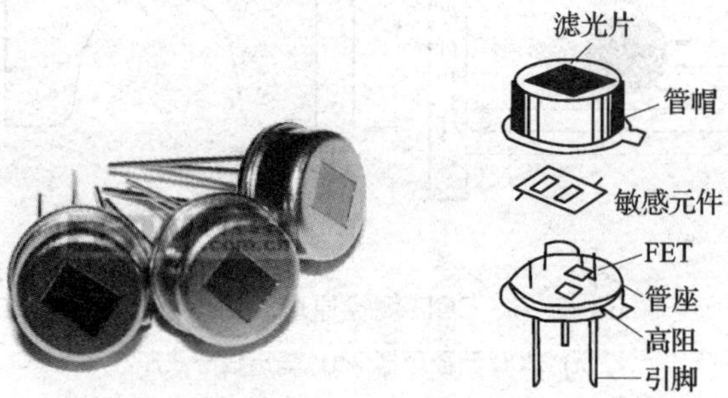

图 6—5—1　热释电红外传感器外形及结构示意图
a）外形　b）结构示意图

在热释电红外传感器前方安装有菲涅耳透镜，它是一种特殊的透镜组，每个透镜单元都有一个不大的视场，相邻的两个透镜单元既不连续也不重叠，都相隔一个盲区，可将透镜前运动的发热体发出的红外光转变成红外信号，使传感器正常工作。

二、热释电红外传感器的原理

热释电红外传感器是根据热释电效应制成的，热释电效应指的是当电石、水晶等晶体受热产生温度变化时，其原子排列将发生变化，晶体自然极化，在其表面产生电荷的现象。根据此效应制成的“铁电体”表面的电荷量与其温度有关。当红外辐射照射到已经极化的“铁电体”薄片表面时，引起薄片温度升高，使其极化强度（P_s）降低，表面电荷减少，相当于释放一部分电荷，所以叫作热释电型传感器。如果将负载电阻与“铁电体”薄片相连，则负载电阻上将产生电信号输出，输出信号的强弱取决于薄片温度变化的快慢，从而可以反映出入射红外辐射的强弱，如图 6—5—2 所示。

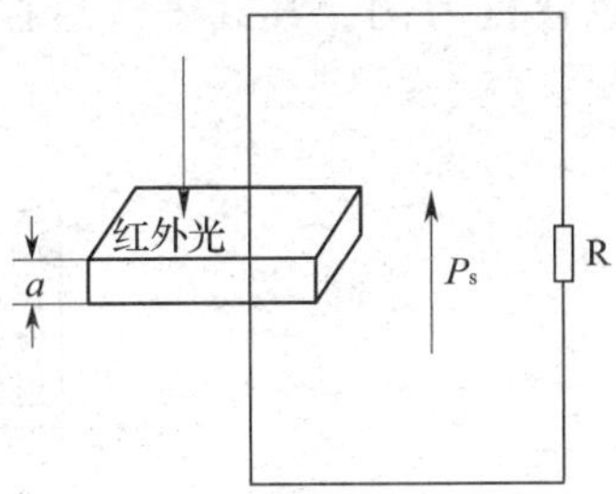

图 6—5—2　入射红外辐射强弱的检测原理

三、热释电红外传感器的选用

1．热释电红外传感器的选择

选用热释电红外传感器时主要从性能指标、使用环境和工作条件等方面加以考虑，其中性能指标包括测温范围、工作波长、测量精度、响应时间等；使用环境和工作条件则包括环境温度、窗口、显示和输出、保护附件等；另外还要结合使用是否方便、维修和校准是否便捷以及价格等各方面因素进行综合比较。

（1）确定测温范围

测温范围是传感器最重要的一个性能指标，每种型号的传感器都有自己特定的测温范围。确定被测温度范围时一定要考虑准确、周全，既不要过窄，也不要过宽。

（2）确定响应时间

响应时间表示热释电红外传感器对被测温度变化的反应速度，即为到达最后读数 95% 所需要的时间。响应时间的大小与探测器、信号处理电路及显示系统的时间常数有关，应根据具体情况进行选择。

（3）环境条件

热释电红外传感器所处的环境条件对测量结果有很大影响，应加以考虑，否则会影响测温精度甚至引起传感器的损坏。当环境温度过高，或存在灰尘、烟雾和蒸汽时，可选用厂商提供的保护套，水冷却、空气冷却系统，空气吹扫器等附件。这些附件可有效地降低环境的影响并保护传感器，实现准确测温。在选用附件时，应尽可能要求标准化配件，以降低安装成本。

2．热释电红外传感器的应用举例

由于热释电红外传感器具有功耗小、成本低、灵敏度高、隐蔽性好等特点，已广泛应用于日常生活中。

遥控器就是利用热释电红外传感器进行工作的，是其在生活中的典型应用。以家用电视机为例，其红外线遥控系统由红外线发射和红外线接收两部分电路组成（图6—5—3）。

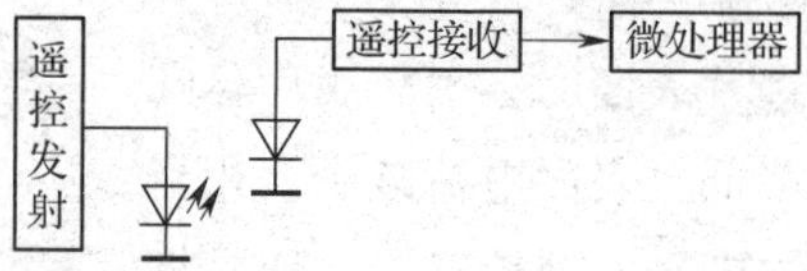

图6—5—3　红外线遥控电路方框图

红外线遥控发射电路和操作按键都装在遥控器的盒内，它由键盘矩阵、编码调制放大电路、晶体振荡电路和红外发光二极管组成。发光二极管可以发出人眼看不见的间断的红外线。按动操作键盘上的每一个功能键，电路对相应的指令信号进行脉冲编码调制（采用PCM方式），再经放大后驱动发光二极管，将功能信号以红外线的形式发射出去。

红外线遥控接收电路装在电视机内，接收装置位于电视机的前面板上。该接收装置由光滤波器、光敏二极管、微处理器等电路组成。光敏二极管是接收红外线信号专用的使用特殊工艺制造的二极管。它接收经光滤波器滤过的红外线遥控信号，并将信号送到限幅放大器放大，将杂散信号抑制掉，再进行峰值检波。检波后的编码信号经整形电路变换为规定的脉冲波形，送入控制系统微处理器中，微处理器再输出功能程序信号，对电视机的工作状态进行控制。

实训5

基于MP01热释电红外传感器探头报警器电路的应用

实训目的

1. 了解热释电红外传感器的基本特性。
2. 掌握热释电红外探头报警器电路的组成及其工作原理。
3. 能完成热释电红外探头报警器电路的安装与调试。

实训内容

分析并安装、调试热释电红外探头报警器电路（图6—5—4）。

1. 分析实训中给出的热释电红外探头报警器电路原理图。

2. 根据原理图和所选择完成的元件对实训中的热释电红外探头报警器电路进行焊接，并完成相应功能的调试。

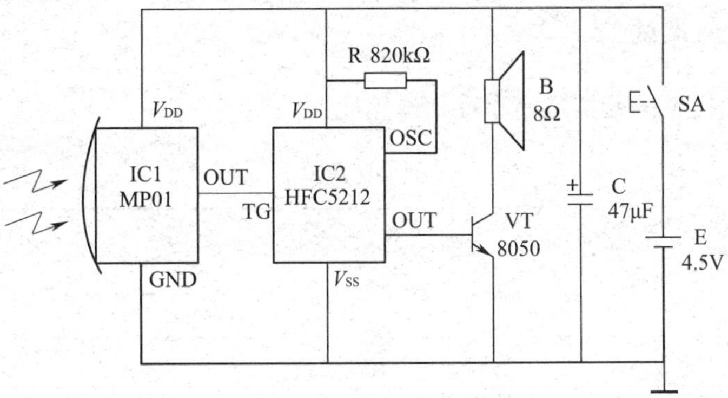

图 6—5—4 热解电红外探头报警器电路

实训设备与工具

万用表（1 块），25 ~ 35 W 内热式电烙铁（1 把），烙铁架（1 个），松香焊锡丝及小块松香适量，蘸湿的棉质擦布（1 块），焊接练习用电工工具，焊接练习用万用敷铜板（1 块），照明良好的焊接练习实验台。

实训步骤

一、分析测量电路

1. 热释电红外传感器的选择

IC1 选用 MP01 型热释电式红外探测头，它将菲涅耳透镜、热释电传感器、单片数模混合集成电路组合在一起，构成了一个坚固、小巧、易安装的“一体化”器件。MP01 采用 TO5 封装，典型尺寸为 $\phi11 \sim \phi14.5$ mm。它共有三个引脚，即电源正极端 V_{DD}、信号输出端 OUT 和公共地端 GND。由于 MP01 是靠感应热释红外线工作的，所以在夜间也能很容易地检测到运动的人体。IC2 选用 HFC5212 型“嘟嘟，请注意!”语音集成电路。

2. 电路原理分析

当有人进入监视区域时，IC1 的 OUT 脚输出与运动人体频率基本同步的正脉冲信号，该信号直接加到 IC2 的触发端 TG 脚，使 IC2 内部电路受触发而工作，由其 OUT 脚输出内储的“嘟嘟，请注意!”电信号，经三极管 VT 功率放大后，推动扬声器 B 发出响亮的警告声。

R 为 IC2 外界时钟振荡电阻器，其阻值大小影响语音的速度和音调。C 为滤波电容器，主要用来降低电池 E 的内阻，使 B 发声更加纯正、响亮。

二、电路的安装与调试

1. 按表 6—5—1 的元器件清单准备电路元器件。

表 6—5—1　　元器件清单

元器件名称	规格型号	数量	备注
IC1	MP01	1	
IC2	HFC5212	1	
三极管 VT	8050 型，硅 NPN，中功率	1	
碳膜电阻 R	820 kΩ	1	
电解电容器 C	47 μF/10 V	1	
扬声器 B	YD58－1 型小口径，8 Ω/0.25 W 动圈式扬声器	1	
电源 *E*	5 号干电池串联（须配塑料电池架）	3	
开关 SA	1×1 小型拨动开关	1	

2. 按照图 6—5—4 中标定的电路元件规格型号进行图纸和元件的熟悉和认知。
3. 根据电路原理图对所用元器件在练习板上进行位置布局。
4. 使用电烙铁焊接工艺完成热释电红外探头报警器电路的安装。
5. 检查无误后进入通电调试过程。
6. 根据调试过程写出电路调试结论。

第七章　气敏传感器

在工业生产和现实生活中，需要对那些有毒、有害、可燃性气体的环境进行有效监控，例如，CO 气体、汽车尾气、火灾烟雾、燃气浓度以及酒精检测等。对这些特定气体的类别、浓度和成分进行检测的传感器就是气敏传感器。

§7—1　气敏传感器基础知识

一、气敏传感器的定义

气敏传感器是利用气体在半导体表面的氧化还原反应引起敏感元件阻值变化的效应而制成的传感器。

利用半导体材料对特殊被测气体造成的氧化还原反应，把气体（多数为空气）中的特定被检测成分检测出来，并将它转换为电信号，以便提供有关被测气体的存在及浓度大小的信息。根据这些电信号的强弱，就可以知道待测气体在环境中的存在状况，进而实现检测、监控、报警等功能。

气敏传感器最早用于可燃性气体泄漏报警，这主要是特定生产环境防灾、安全生产的需要，例如，煤炭开采中的瓦斯报警。之后，随着各种生产、生活需求的逐渐增加以及传感器研发的进步，气敏传感器的应用范围逐渐扩展，主要用于有毒气体的检测、容器或管道的密闭性检测、环境检测、锅炉及汽车的燃烧检测与控制、工业过程的检测与自动控制。近年来，在医疗、环境检测、空气净化、家用燃气灶、燃气热水器以及交通违章查处等方面，气敏传感器得到普遍的应用。气敏传感器主要检测对象及应用场所见表 7—1—1。

表 7—1—1　　气敏传感器主要检测对象及应用场所

分类	检测对象	应用场合
易燃、易爆气体	液化石油气、焦炉煤气、发生炉煤气、天然气	家庭
	甲烷	煤矿
	氢气	冶金、实验室
有毒气体	一氧化碳（不完全燃烧产生）	煤气灶等
	硫化氢、含硫的有机化合物	石油工业、制药厂
	卤素、卤化物、氨气等	冶炼厂、化肥厂

续表

分类	检测对象	应用场合
环境气体	氧气（缺氧）	地下工程、家庭
	水蒸气（湿度调节，防止结露）	电子设备、汽车、温室
	大气污染（SO_2、NO_2、Cl_2）	工业区
工业气体	燃烧过程气体控制、调节空燃比	内燃机、锅炉
	一氧化碳（防止不完全燃烧）	内燃机、冶炼厂
	水蒸气（食品加工）	电子灶
其他气体	烟雾、司机呼出的酒精	火灾预警、事故预防

气敏传感器的性能必须满足以下条件：

1. 能够检测易爆气体的允许浓度，有害气体的允许浓度和气体基准设定浓度，并能及时给出报警、显示与控制信号。

2. 对被测气体以外的共存气体或物质不敏感。

3. 性能稳定，重复性好。

4. 动态特性好，响应迅速。

5. 使用、维护方便，价格低廉。

二、气敏传感器的种类

半导体型气敏传感器主要以电阻式为主。其制作形式也以多孔质烧结体和厚膜式为主，薄膜式和非电阻式目前正在研制之中，还没有成熟的产品。半导体气敏传感器分类见表 7—1—2。

表 7—1—2　　半导体气敏传感器的分类

类型	主要物理特性	传感器举例	工作温度	代表性被测气体
电阻式	表面控制型	氧化锌、氧化锡	室温～450℃	可燃气体
	体电阻控制型	氧化铁、氧化钛、氧化钴	300～450℃	乙醇、可燃气体、氧气
		氧化镁、氧化锡	700℃以上	
非电阻式	表面电位	氧化银	室温	乙醇
	二极管整流特性	铂/硫化镉、铂/氧化钛	室温～200℃	氢气、一氧化碳、乙醇
	晶体管特性	铂栅 MOS 场效应管	150℃	氢气、硫化氢

电阻式半导体传感器用氧化锡、氧化锌等金属氧化物材料制作敏感器件，利用其阻值的变化来检测气体的浓度，因此，也被称为气敏电阻。如图 7—1—1 所示为半导体气敏传感器结构示意图。

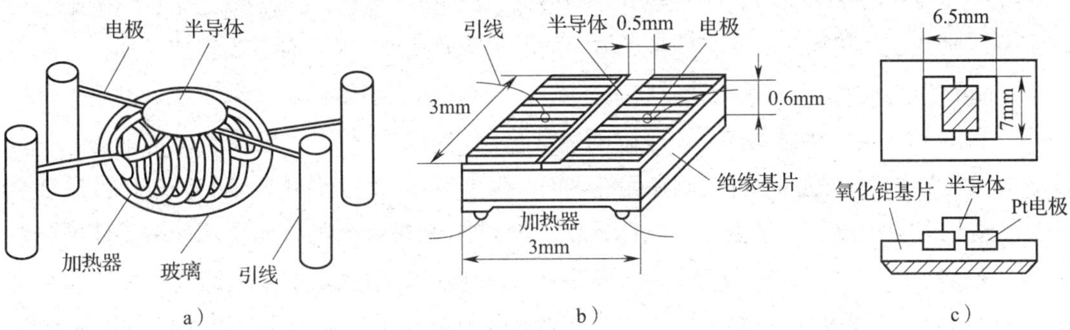

图 7—1—1　半导体气敏传感器结构示意图

a）烧结元件　b）薄膜元件　c）厚膜元件

1．表面控制型气敏传感器

这类传感器表面电阻的变化取决于表面原来吸附气体与半导体材料之间的电子交换。传感器放在空气中吸附空气中的氧离子后呈现高阻抗，一旦器件与被测气体接触，就会与吸附的氧起反应，将被氧束缚的几个电子释放出来，使敏感膜表面电导增大，器件电阻减小。这种类型的传感器多数是以可燃性气体为检测对象，但如果吸附能力强，即使是非可燃性气体也能作为检测对象。这类器件具有检测灵敏度高、响应速度快、实用价值大等优点。目前，常用的材料为氧化锡和氧化锌等较难还原的氧化物，也有研究用有机半导体材料的。在这类传感器中一般均掺有少量贵金属（如 Pt 等）作为激活剂。这类器件目前已经商品化的有 SnO_2、ZnO 等气敏传感器。

2．体电阻控制型气敏传感器

这类器件是利用体电阻的变化来检测气体的。很多氧化物半导体在制造过程中由于工艺过程不同，分别可形成缺金属型和缺氧型氧化物，统称非化学计量化合物。其中，缺金属型的，生成阳离子空穴的 P 型半导体，空气的氧含量越高，电导率越大，呈现小阻抗；缺氧型的形成阴离子缺失的 N 型半导体，空气的氧含量越高，电导率越小，呈现大阻抗。测量时，当这类器件受被测气体成分的作用时，致使晶体中结构的缺陷发生变化，其电阻随之变化。这种变化也是可逆的，当待测气体脱离后气敏器件又恢复原状。这类器件以 TiO_2 传感器为代表，其检测对象主要有液化石油气（以丙烷为主）、煤气（CO、H_2）和天然气（以甲烷为主）。

上述两种电阻型半导体气敏传感器的优点是价格便宜、使用方便、对气体浓度变化响应快、灵敏度高。其缺点是稳定性差、老化快、对气体识别能力不强、特性分散性大等。

三、气敏传感器的工作原理

以N型半导体材料 SnO_2 为例，即缺氧型，半导体气敏传感器工作时通常都需要加热，一般加热至200～300℃。元件在加热开始时阻值急剧下降，然后在高温状态下，它吸附空气中的氧，形成氧的负离子吸附，使半导体中的电子密度减少，从而使其电阻值增加，一般经2～10 min才达到稳定，称之为稳定状态。元件只有在达到初始稳定状态后才可以用于气体检测。因为元件在“普通大气”中吸附的氧气量固定不变，所以其阻值也保持不变。一旦某种浓度的被测气体流过元件，则在元件表面产生吸附，此时元件的阻值将随气体的浓度变化而变化。如果被测气体是氧化型气体（O_2、NO_2），则被吸附的气体会从气敏元件中夺取电子，使N型半导体元件中载流子电子减少，从而使电阻增大。如果被测气体为还原型气体（H_2、CO、乙醇等），则被测气体会向气敏元件释放电子，使元件中的载流子电子增多，从而使电阻值下降。如图7—1—2所示为半导体气敏传感器的工作原理示意图。

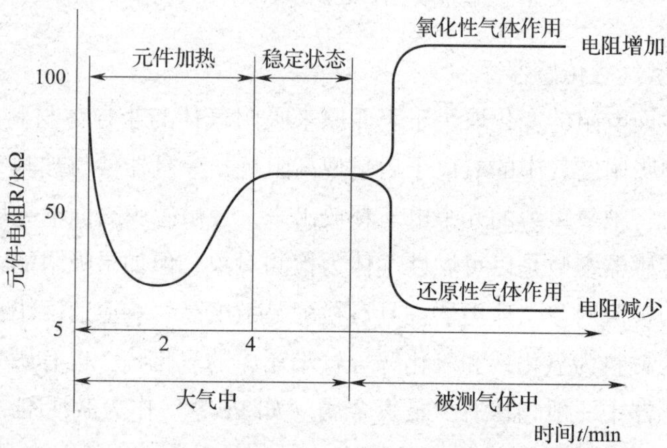

图7—1—2　半导体气敏传感器的工作原理示意图

气敏传感器对不同气体的检测灵敏度差别很大，例如，对乙醚、乙醇、氢气、正己烷等有较高的灵敏度，而对CO和甲烷的灵敏度则较低。在制作时在材料中添加某些金属氯化物（$NiCl_2$、$InCl_3$）或贵金属化合物（$PdCl_2$），可提高元件的吸附活性，并显著提高元件的灵敏度和扩大测量范围。如图7—1—3所示为气敏传感器基本应用原理示意图。

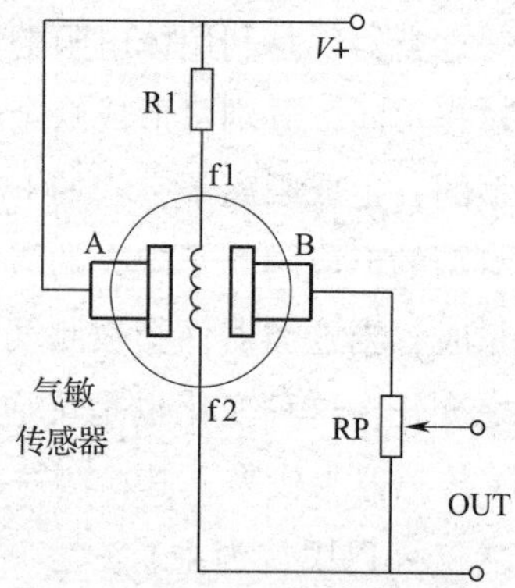

图7—1—3　气敏传感器基本应用原理示意图

图中，f1、f2端为电加热端，A、B为气敏半导体元件引出端，在敏感气体的作用下，气敏元件的体电阻发生显著变化，经分压形成电压输出。

实训1

基于 MQ－3 酒精传感器的应用

实训目的

能完成 MQ－3 酒精传感器的接线与调试。

实训内容

选择一种成品 MQ－3 酒精传感器单元总成，进行电源连接、酒精测试、信号输出等任务。

实训设备与工具

MQ－3 酒精传感器模块（1 台）；MQ－3 酒精传感器（1 只）；酒精或者酒精溶液（1 瓶）；数字万用表（1 块）；直流稳压电源（1 台）；电工工具（1 套）。

实训步骤

一、认识 MQ－3 酒精传感器及其模块

1. 某 MQ－3 酒精传感器基本性能、参数介绍

（1）简述

半导体酒精传感器 MQ－3 所使用的气敏材料是在清洁空气中电导率较低的二氧化锡（SnO_2）。当传感器所处环境中存在酒精蒸气时，传感器的电导率随空气中酒精气体浓度的增加而增大，使用简单的电路即可将电导率的变化转换为与该气体浓度相对应的输出信号。MQ－3 半导体酒精传感器对酒精的灵敏度高，可以抵抗汽油、烟雾、水蒸气的干扰，这种传感器可检测多种浓度酒精气氛，是一款适合多种应用的低成本传感器。

（2）主要特点及应用

对酒精气体具有良好的灵敏度，寿命长，成本低，驱动电路简单，可用作车用酒精气体报警器和便携式酒精气体检测器。

（3）主要技术参数

产品型号：MQ－3

产品类型：半导体气敏传感器

标准封装：胶木（黑胶木）

检测气体：酒精蒸气

检测浓度：0.04 ~4 mg/L 酒精

回路电压（V_c）：≤24 V，DC

加热电压（V_H）：（5.0 ±0.2） V AC or DC

负载电阻（R_L）：可调

加热电阻（R_H）：（31 ±3） Ω（室温）

加热功耗（P_H）：≤900 mW

敏感体表面电阻（Rs）：2 ~20 kΩ（0.4 mg/L 酒精环境中）

灵敏度（S）：Rs（空气中）/Rs（0.4 mg/L 酒精环境中） ≥5

浓度斜率（α）：≤0.6（$R_{300\ ppm}/R_{100\ ppm}$酒精）

温度、湿度：(20 ±2)℃；(65 ±5)% RH

标准测试电路 V_c：（5.0 ±0.1） V；V_H：（5.0 ±0.1） V；预热时间：不少于 48 h

2．酒精传感器模块基本性能、参数介绍

（1）尺寸：32 mm×20 mm×20 mm（长×宽×高）。

（2）主要芯片：LM393、ZYMQ－3 气敏传感器。

（3）工作电压：直流 5 V。

（4）特点

1）具有信号输出指示。

2）双路信号输出（模拟量输出及 TTL 电平输出）。

3）TTL 输出有效信号为低电平（当输出低电平时信号灯亮，可直接接单片机）。

4）模拟量输出 0 ~4 V 电压，浓度越高电压越高。

5）对乙醇蒸气具有很高的灵敏度和良好的选择性。

6）具有长期的使用寿命和可靠的稳定性。

7）快速的响应恢复特性。

（5）应用：用于机动车驾驶人员及其他严禁酒后作业人员的现场检测，也用于其他场所乙醇蒸气的检测。

（6）产品图片（图 7—1—4）

二、工作原理

酒精传感器的测试电路如图 7—1—5 所示，当电源开关 S 断开时，传感器加热电流为零，实测 A、B 之间的电阻大于 20 MΩ，这个状态称为非测量状态。S 接通，接通元件的电加热电路，则 f1、f2 之间电流由开始时的 155 mA 降至 153 mA 而稳定。加热开始几秒钟后，A、B 之间的电阻迅速下降至 2 kΩ 以下，然后又逐渐上升至 20 kΩ 以上并保持着，如图 7—1—2 所示，这个状态为元件的测量状态。此时如果将酒精溶液样品靠近 MQ－3

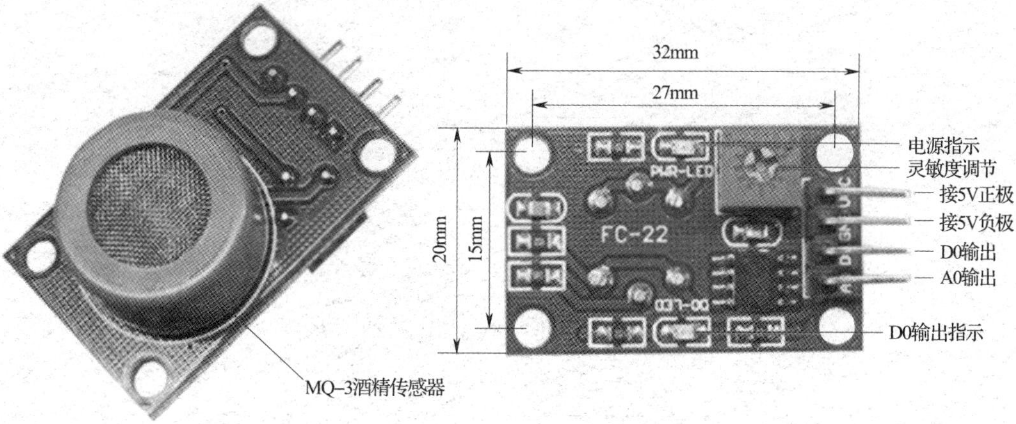

图 7—1—4 酒精传感器模块产品图片

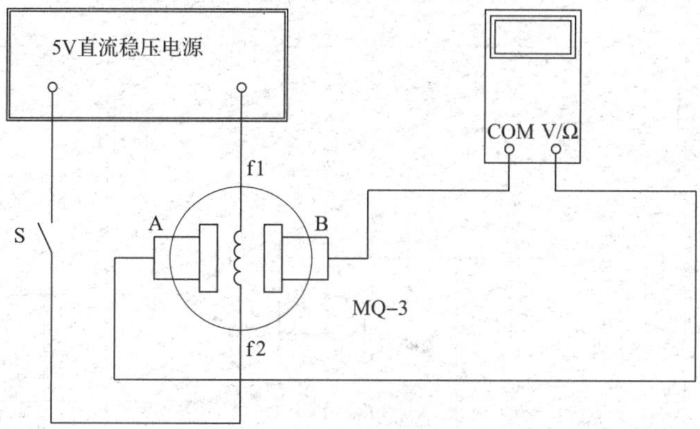

图 7—1—5 酒精传感器的测试电路

传感器，立即可以看到数字万用表显示值马上由原来大于 20 kΩ 降至 2 kΩ 以下。移开样品 1 min 左右后，A、B 之间的电阻恢复至大于 20 kΩ。这种反应可以重复试验，但要注意使空气恢复到洁净状态。经实验的反复检测可以看到，MQ－3 传感器对不同浓度的酒精溶液有不同的变化，但响应时间和恢复时间都是一致的。

三、绘制特性曲线

根据传感器的测试结果绘制 MQ－3 传感器的特性曲线，充分认知传感器的特性。如图 7—1—6 所示为 MQ－3 传感器测试的特性曲线图。

四、MQ－3 传感器测量模块的电路构成

既然 MQ－3 传感器在酒精的作用下呈现一个电阻值的变化，那么电路构成只要能检测到这个电阻值的变化并形成有效输出，检测目的就达到了。如图 7—1—7 所示为一般酒精传感器模块电气原理图。

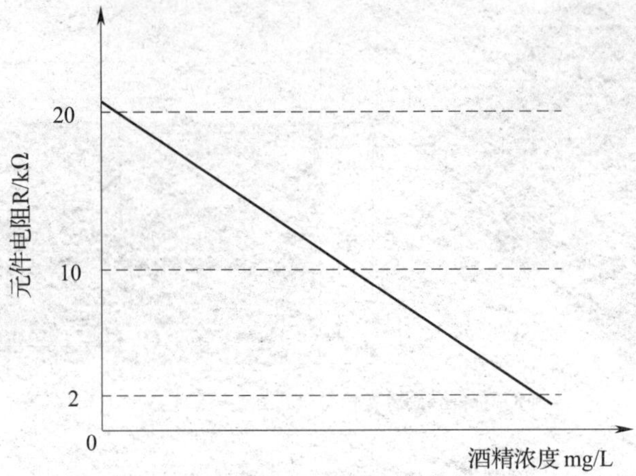

图 7—1—6　MQ－3 传感器测试的特性曲线图

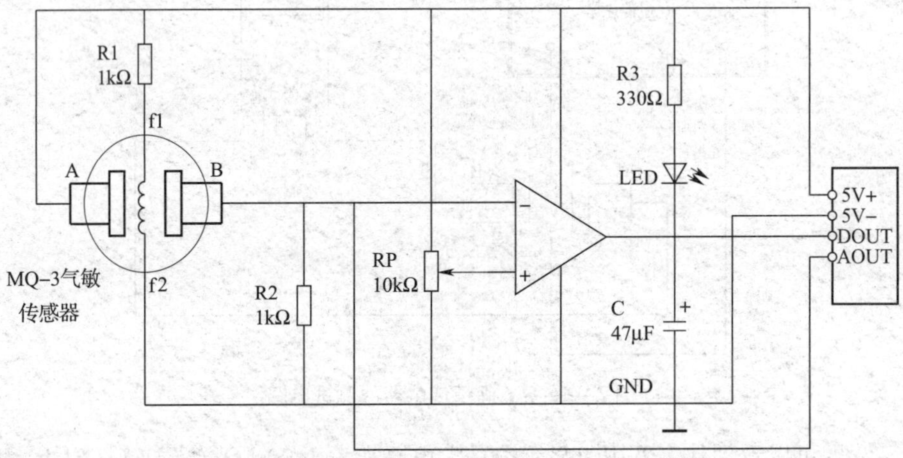

图 7—1—7　一般酒精传感器模块电气原理图

五、通电实验

参考图 7—1—7，对实训准备的测量模块进行通电实验。

(1) 根据所选测量模块的电气接线图，按照各个接线端子的功能设置完成电路连接。

(2) 检查电路连接，无误后通电，让测量元件完成电加热并达到稳定，这时，测量模拟输出口的电压值基本为零，这个过程一般需要 1～2 min。

(3) 电路稳定后，将装有酒精的容器口部接近 MQ－3 传感器探头的部分，并持续十到十几秒，观察模块状态指示灯。电路工作正常时酒精容器的靠近使得测量模块发生电路翻转，状态指示灯点亮，测试完成。

§7—2　烟雾传感器

烟雾是比气体大得多的固体微粒悬浮在气体中形成的，不能用一般半导体气敏传感器进行气体成分的检测，必须利用其颗粒的特点检测。这类传感器多用于火灾报警，是以烟雾颗粒的有无决定是否输出信号。烟雾传感器按照工作原理可分为散射型和离子型两种。

一、烟雾传感器的常见类型

1. 散射型烟雾传感器

散射型烟雾传感器的结构示意图如图 7—2—1 所示。

散射型又称光电型，传感器内部有一组红外发射、接收光电元件，成 135°角布置。正常空气状态时接收的光敏元件不能收到发光元件的光信号，电路处于等待状态，如图 7—2—1a 所示。一旦发生火灾，形成的烟雾颗粒经传感器的检测缝隙进入到传感器内部后，由烟雾颗粒形成的光线散射使得光敏接收元件有了信号，再经控制电路将光电信号变成控制输出。烟雾颗粒越多，信号越强，如图 7—2—1b 所示。其优点是对环境无污染，环境适应性好；缺点是对黑烟的探测能力相对偏弱，不适合于仅产生黑烟的火灾场合。

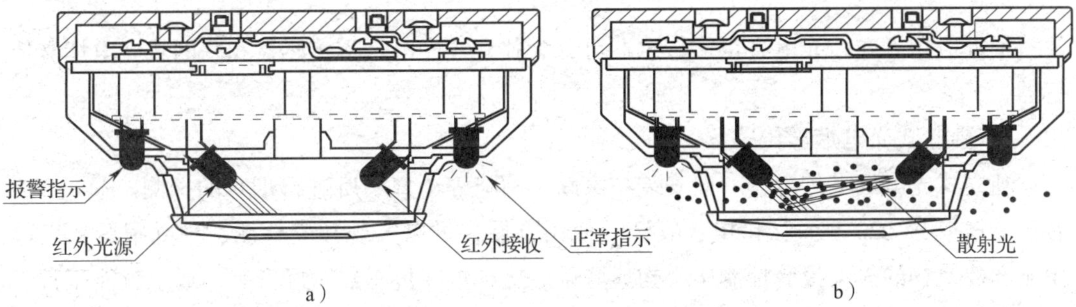

图 7—2—1　散射型烟雾传感器结构示意图

a）正常状况　b）烟雾报警

2. 离子型烟雾传感器

用放射性同位素镅（Am241）放射出微量的 α 射线，使附近的空气被电离形成导电离子，两端施加直流电压时，形成离子电流 I_k。有烟雾时，烟雾颗粒将离子吸附，同时也吸收 α 射线，其结果导致离子电流 I_k 减少。如果有一个纯净的空气离子室作为参比量，将两个空间的离子电流进行比较，就可以清除外界的干扰，得到可靠的测量结果。其结构原理图如图 7—2—2 所示。其优点是对燃烧产生的各种烟雾均有较高的探测灵敏度；缺点是由于使用了放射源，虽然在正常使用过程中对人身无害，但在后期回收时需妥善处理，避免对环境产生污染，此外，离子探测器的环境适应性（抗潮湿能力）较光电探测器差。

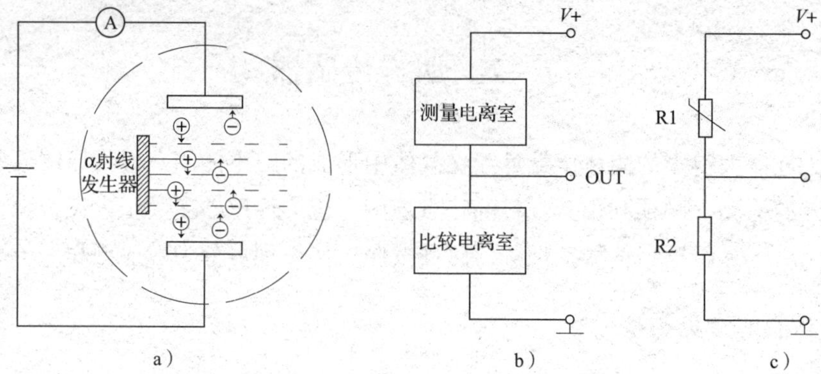

图 7—2—2　离子型烟雾传感器结构原理图

a）电离室结构原理图　b）传感器构成示意图　c）等效电路图

以上两种颗粒型烟雾传感器适用于火灾发生时有大量烟雾产生，而正常情况下无烟雾的场所，如饭店、宾馆、教学楼、办公楼、计算机房、通信机房、书库和档案库等工业与民用建筑，但不适用于有大量粉尘、水雾滞留的场所；不适用于可能产生蒸汽和油雾的场所；不适用于正常情况下有烟滞留的场所。在实际工程应用中，一般以选择比较安全、无放射源的光电型烟雾传感器为主，本节以光电型烟雾传感器为例进行讲解。

二、光电型烟雾传感器

根据应用方式，光电型烟雾传感器可分为独立式光电烟雾传感器和联网式光电烟雾传感器。

1. 独立式光电烟雾传感器

独立式光电烟雾传感器一般安装在家庭、网吧等小型场所进行烟雾的探测。通过 9 V 叠层电池或 AC220 V 直接供电，安装、使用方便，可以实现独立探测、独立报警，工作中不和建筑物的火灾报警控制中心构成联系。这种烟雾传感器一经安装、通电就能正常工作，一般其内部电池寿命可达一年左右。由于其是独立的声光报警，因此，它不能构成自动防火应急控制，还需由人来根据报警做出干预，所以一般安装在有人活动的场所和火灾危害不是很严重的一般处所。如图 7—2—3 所示为独立式烟雾传感器内部结构图。

以下为某型号独立式烟雾传感器的主要技术数据：

工作供电：DC9 V 碱性电池

静态电流：≤10 μA

报警电流：≤10 mA

报警联动：独立声光报警

报警音响：≥85 dB

工作温度：－10 ~ 50℃

相对湿度：≤95% RH（38 ~ 42℃）

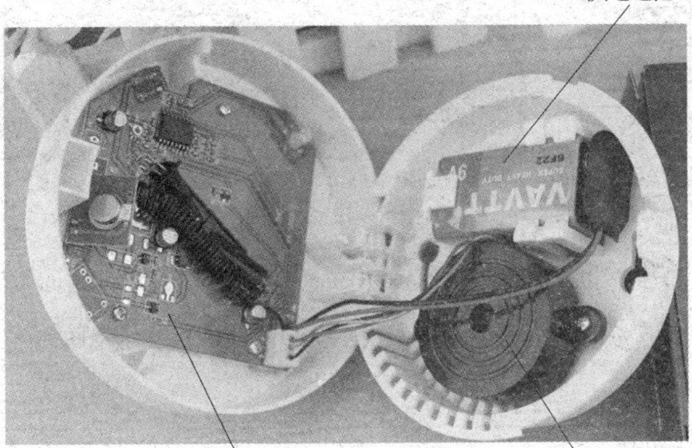

图 7—2—3　独立式烟雾传感器内部结构图

2. 联网式光电烟雾传感器

这是一种可以有控制输出的，可以配合报警控制中心对火灾进行报警，并且可以由控制中心对防火实施干预措施的火灾报警器，例如，火灾报警后的喷淋启动控制、防火隔离门开启以及通风设备的开启等。目前，其输出形式分为无源开关量控制输出和总线式数据编码输出两种。无源开关量输出就是一组继电器的开、闭触点的输出，报警输出后，由报警控制中心对信号进行识别和控制输出。其特点是技术简单，成本低，但报警点多的情况下会对布线带来一定难度，同时，控制中心的输入点数量也要与之配合，给施工带来较大的难度，因此，开关量输出形式的烟雾传感器不适合较多的火灾报警点。有的控制器产品开关量的输入采用两线制，两线制布线简单，适合小范围报警控制。它不识别具体报警地址，只检测报警元件的开路和短路状况，即开路时靠末端电阻构成电流回路，此为正常状况；一旦报警，继电器触点闭合，报警回路短路，电流显著增加，启动报警。开关量输出式烟雾传感器的接线示意图如图 7—2—4 所示。

数据编码输出的是一种利用计算机技术设计的报警形式，广泛采用的是无极性两线式数据总线的接线方式。报警数据一般为模拟量，但每个传感器都有判断报警位置信息的地址码，而且是唯一的，在应用前经过数据地址分配后对报警器先行进行数据编码的写入。所有传感器都接在两根数据总线之间，应用中，一旦某一个报警器有了数据输出，控制中心就能通过地址码立刻识别是哪个报警点发出的火灾报警，并且可以进行有针对性的控制输出。其优点是可以构成较大规模的报警系统，而且布线非常方便，报警点位置检测准确；缺点是各个厂家的编码方式不同，同类产品不能互换，因此，报警器损坏后的维护比较麻烦，施工完成后需要妥善保存报警点的编码信息并留有一定数量的烟雾传感器备件。数据编码式烟雾传感器的接线示意图如图 7—2—5 所示。

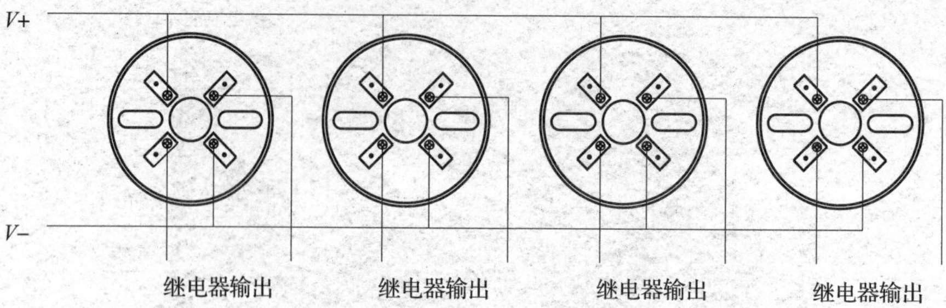

图 7—2—4　开关量输出式烟雾传感器的接线示意图

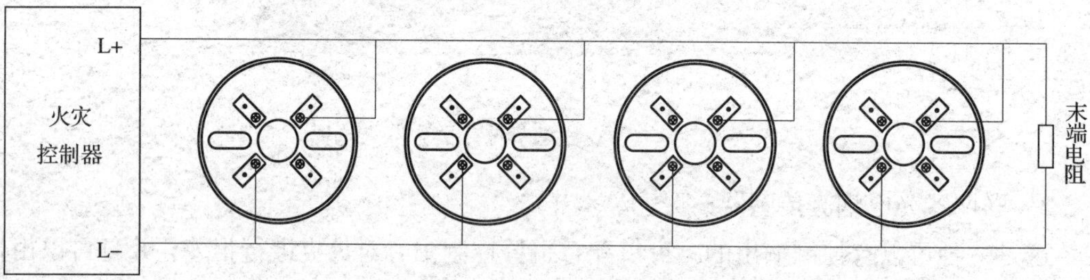

图 7—2—5　数据编码式烟雾传感器的接线示意图

如图 7—2—6 所示为烟雾传感器底座和主体部分连接方式示意图，固定好底座后，将主体部分对准底座的定位标志并按顺时针旋转就可以完成主体部分与底座的固定与线路连接。

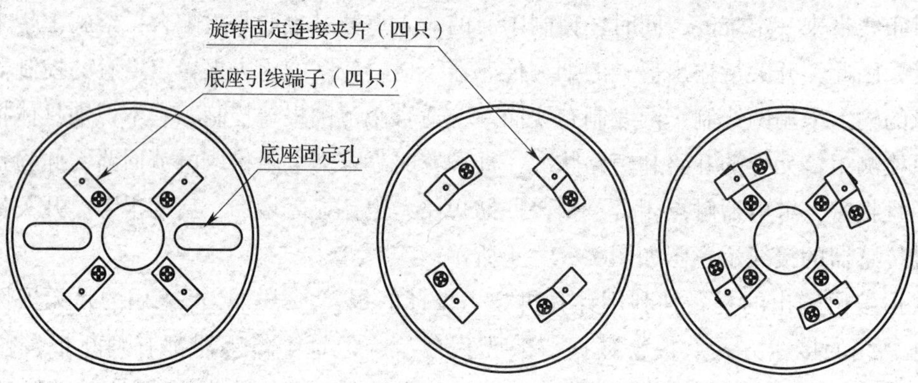

图 7—2—6　烟雾传感器底座和主体部分连接方式示意图

a）烟雾传感器底座　b）烟雾传感器主体部分底视图　c）主体与底座旋紧后

三、烟雾传感器的安装要求

一般的家庭、网吧、宿舍及其他小型场所，需要安装至少一套以上的烟感报警器，具体数目由两个因素决定：住宅的层数和卧室的数目。一个独立烟感保护的空间大约是

30 m^2（空旷情况下），且烟感安装的倾斜度不能超过 45°。

烟雾传感器安装一般要求：

1. 烟雾传感器至墙壁、梁边的水平距离不应小于 0.5 m。
2. 烟雾传感器周围水平距离 0.5 m 内不应有遮挡物。
3. 烟雾传感器至广播的水平距离不应小于 0.1 m。
4. 在宽度小于 3 m 的内走道顶棚上安装烟雾传感器时，宜居中安装。
5. 烟雾传感器至空调送风口边的水平距离不应小于 1.5 m，并宜接近回风口安装；至多孔送风顶棚孔口的水平距离不应小于 0.5 m。
6. 烟雾传感器至灯具的水平距离不应小于 0.2 m。
7. 烟雾传感器至喷头的水平距离不应小于 0.3 m。

烟雾传感器一般安装要求示意图如图 7—2—7 所示。

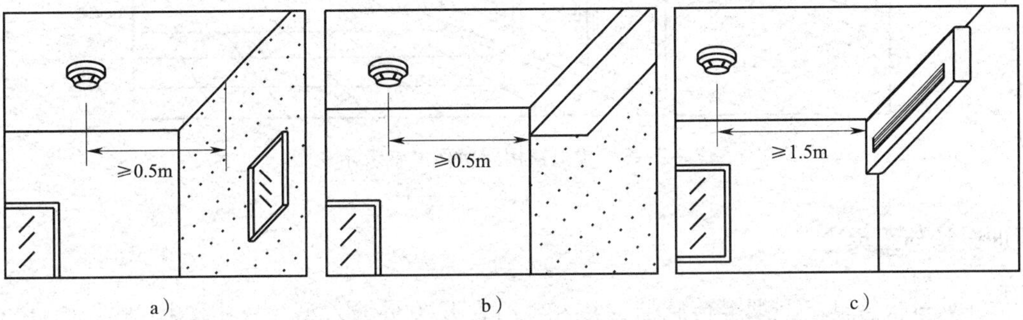

图 7—2—7　烟雾传感器一般安装要求示意图

a）距离墙的要求　b）距离梁的要求　c）距离空调的要求

实训 2

基于烟雾传感器火灾报警系统的应用

实训目的

1. 掌握联网式继电器输出烟雾传感器的安装与调试。
2. 掌握继电器输入的火灾报警控制器的安装与接线。
3. 能完成报警检测、控制的联动调试。

实训内容

完成如图 7—2—8 所示虚拟家用厨房环境烟雾传感器及其报警器的安装与接线，并完成调试。

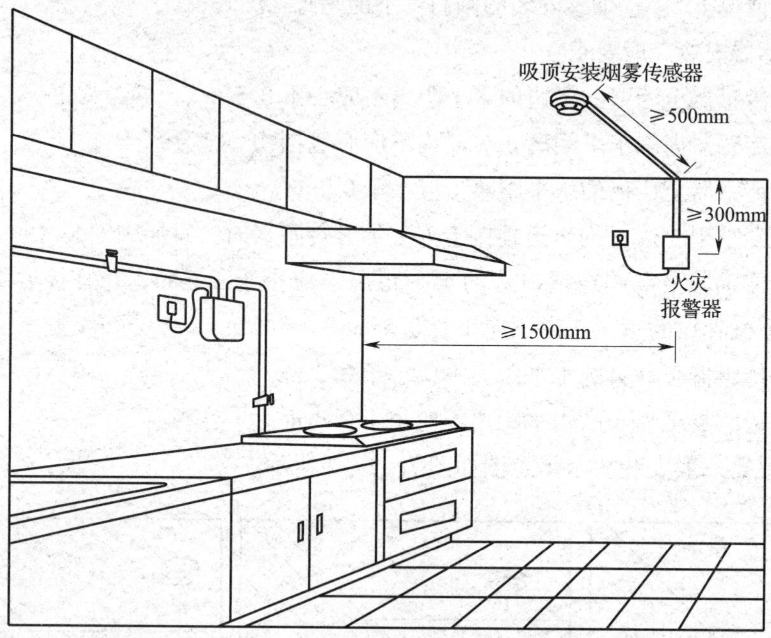

图 7—2—8　虚拟家用厨房环境参考示意图

实训设备与工具

开关量报警输出型烟雾传感器（1 ~ 3 台），开关量输入型火灾报警控制器（1 台），25 mm 塑料线槽（1 根），ϕ6 mm × 30 mm 塑料胀塞（若干），ϕ3. 5 mm × 30 mm 自攻螺钉（若干），电锤（1 把），ϕ6 电锤钻头（1 根），电工工具（1 套），BVR1. 5 平方导线（若干），艾灸（1 宗，用来产生烟雾）。

实训步骤

1. 按照图 7—2—8 中烟雾传感器和报警器的安装要求，完成传感器、火灾报警控制器的安装以及线路布管安装。

2. 根据安装的烟雾传感器数量，完成传感器和控制器之间的连线，其中包括传感器的电源输入和传感器与控制器控制线的连接。

3. 线路连接完成，经检查无误后通电实验。

（1）正常情况下，即没有烟雾时，传感器的状态灯显示正常，继电器没有输出，控制器也没有输入信号，控制器状态正常。

（2）点燃艾灸产生烟雾扰动，观察传感器和控制器的状态，当控制正常时，烟雾传感器报警指示灯点亮，并向控制器发出继电器控制输出信号，控制器收到报警信号后发出声、光报警。

第八章　接近开关传感器

接近开关又称无触点接近开关，是理想的电子开关量传感器。诞生之初就是为了用现代电子技术取代传统机械式行程开关，以完成高可靠性、高动作频率的位置、计数等控制需要而设计、生产的一种位置控制检测元件，较传统机械式行程开关，接近开关有较长的使用寿命和较高的工作频率。其触发方式采用非接触的接近方式触发开关的状态，当物体接近开关的感应面达到有效触发距离时，不需要机械接触及施加任何压力就能无接触、无压力、无火花、迅速发出电气开关指令，准确反馈运动机构的位置和行程。接近开关既可以直接驱动一些小功率的交、直流电器，也可以作为输入元件给计算机（PLC）控制装置提供输入开关量信号。它既有行程开关和微动开关的特性，同时又具有传感器性能，且动作可靠，性能稳定，频率响应快，使用寿命长，抗干扰能力强，并具有防水、防振、耐腐蚀等特点。产品有电感式，电容式，霍尔式，交、直流型；输出形式有常开型和开/闭转换型。目前，接近开关仍然是位置控制中不可替代的控制元件。

§8—1　接近开关的分类及其原理

接近开关按照工作原理可分为电感式和电容式；按电源种类可分为直流型和交流型；按输出极性可分为 NPN 型和 PNP 型。

一、按工作原理分类

1. 电感式接近开关

电感式接近开关是在自动控制系统中最为常见的接近开关，它是用黑色金属，即普通导磁材料低碳钢作为敏感材料的传感器件，电感式接近开关就是指的黑色金属传感器。它由 LC 高频振荡器和放大处理电路组成，利用金属物体在接近能产生电磁场的振荡感应头时，使物体内部产生涡流，涡流反作用于接近开关，使接近开关振荡能力衰减，内部电路参数发生变化，由此识别出有无金属物体接近，进而控制开关的通或断。这种接近开关所能检测的物体必须是金属物体。如图 8—1—1 所示为电感式接近开关的结构与工作原理示意图。

触发接近开关时不用发生接触和碰触，开关的输出状态就会改变，因此，开关没有机械寿命的限制而只有电气寿命的指标。电感式接近开关对铁镍、低碳钢类检测体的检测最灵敏；对铝、黄铜和不锈钢类检测体，由于其导磁率降低，其检测灵敏度较低。

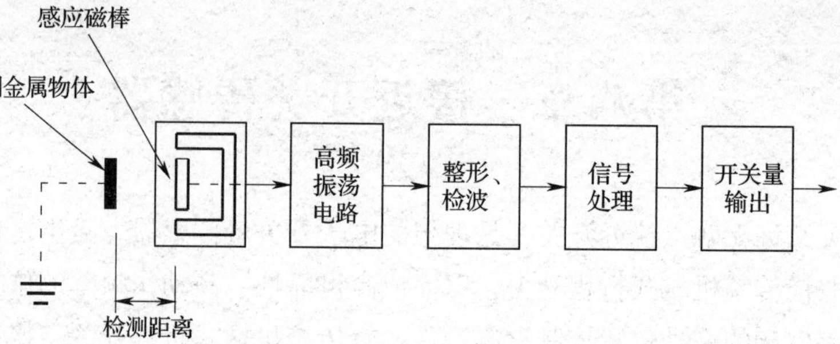

图 8—1—1　电感式接近开关的结构与工作原理示意图

2．电容式接近开关

电容式接近开关亦属于一种具有开关量输出的位置传感器，它的测量端通常是构成电容器的一个极板，而另一个极板是检测物体的本身，当检测物体移向接近开关时，物体和接近开关的介电常数发生变化，使得和测量端相连的电路状态也随之发生变化，由此便可控制开关的接通和关断。这种接近开关的检测物体并不限于金属导体，也可以是绝缘的液体或粉状物体。如图 8—1—2 所示为电容式接近开关的结构与工作原理示意图。

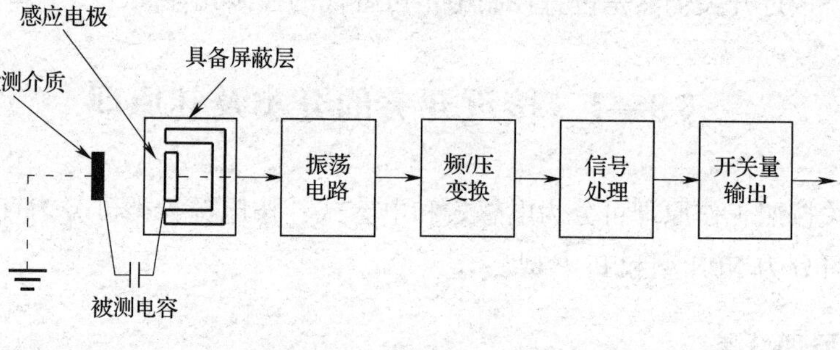

图 8—1—2　电容式接近开关的结构与工作原理示意图

二、按电源种类分类

1．交流型接近开关

一般交流型接近开关多为两线式，可以直接接在其规定电压等级的交流回路中作为较小容量负荷的开关控制。在接线原理上，其所带负荷起到串联降压和限流的作用，因此，作为一个开关，必须遵循只能与负荷串联，不能直接并联在电源两端的电气规范。如图 8—1—3 所示为两线式交流接近开关的接线原理图。

2．直流型接近开关

大多数接近开关属于直流型，一般多为常开型三端元件，分别为电源端 V +，接地端 GND，输出端 OUT；也可以做成两端元件和常开、常闭型的四端元件，应用中根据控制要求进行选择。

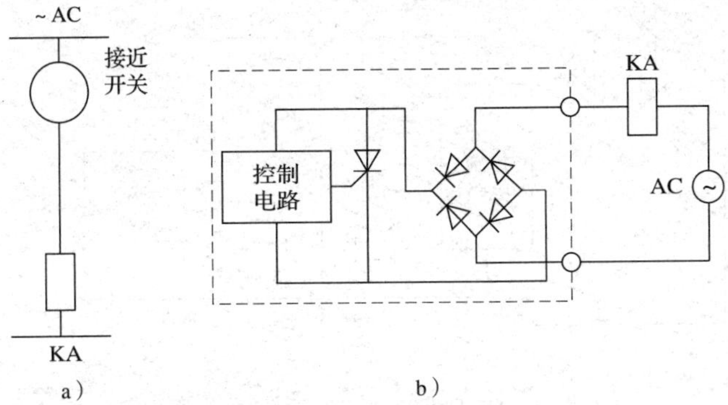

图 8—1—3　两线式交流接近开关的接线原理图

a）应用接线原理图　b）电气原理示意图

三、按输出极性分类

因为接近开关属于电子开关，对于直流型接近开关来说，其输出元件就是晶体三极管，而三极管可以分为 NPN 型和 PNP 型，因此，输出三极管的类别就决定了接近开关的输出极性。

1. NPN 型接近开关

NPN 型接近开关的接线原理图如图 8—1—4 所示。

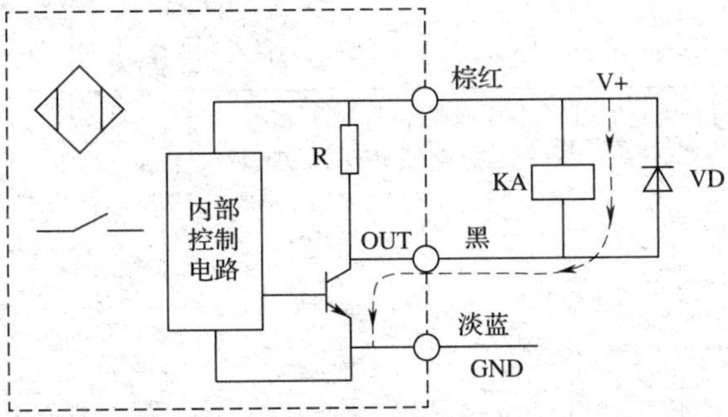

图 8—1—4　NPN 型接近开关的接线原理图

由图 8—1—4 可知，开关所带的负荷和开关是共电源“+”端的，有效触发后工作电流是由电源向接近开关内“灌”电流的。

2. PNP 型接近开关

PNP 型接近开关的接线原理图如图 8—1—5 所示。

PNP 型接近开关其所带负荷和开关是共 GND 的，有效触发后工作电流是从接近开关里向外“拉”电流的。

接近开关在自动控制中的应用大多是作为控制信号输入元件，例如，为 PLC 控制单元提供输入信号，这时，接近开关的连接极性就非常重要。但 PLC 的输入端既有只允许

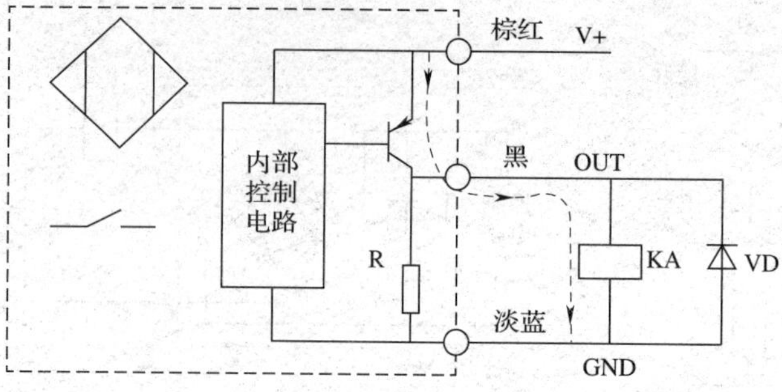

图 8—1—5　PNP 型接近开关的接线原理图

单一电流方向的单向输入口，也有允许流进和流出的两个电流方向的双向输入口，因此，应用时必须先做出极性选择，因为接近开关的极性不同直接决定了与 PLC 连接时接线方式的不同和控制是否成功。如图 8—1—6 所示为不同极性的接近开关连接 PLC 时的接线原理图。

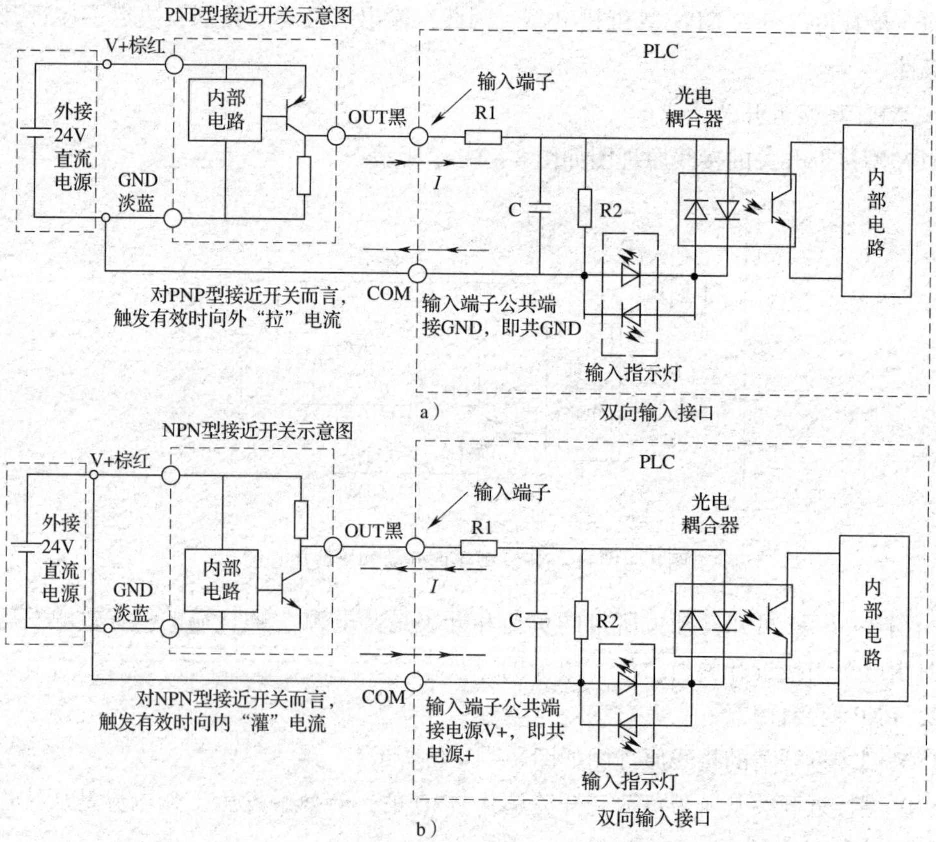

图 8—1—6　不同极性的接近开关连接 PLC 时的接线原理图

a）PNP 型　b）NPN 型

如图8—1—7所示为NPN型接近开关与单向输入口的PLC输入端连接时的接线原理图。

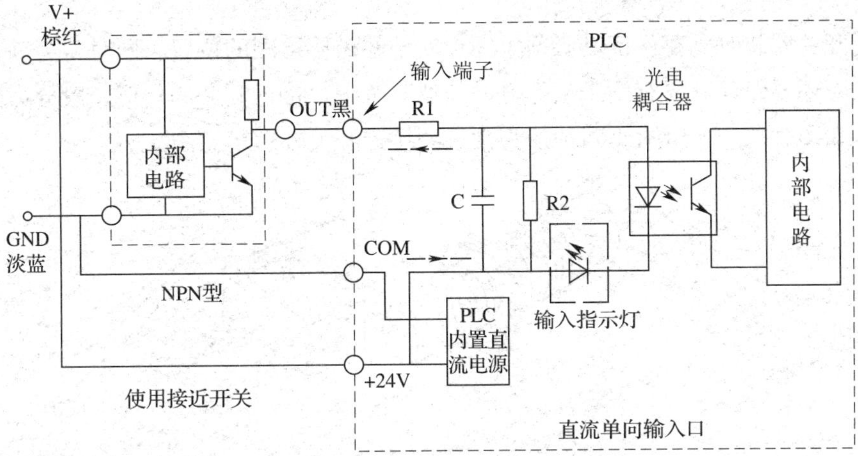

图8—1—7 NPN型接近开关与单向输入口的PLC输入端连接时的接线原理图

四、接近开关的基本电参数

依据实例对接近开关的基本电参数进行认知，以下数据是某电感式接近开关的基本电气参数：

检测距离：1～5 mm；被检测物：黑色金属，有效检测物尺寸不小于18 mm×18 mm×1 mm；响应频率：150 Hz；工作电压：5～50 V直流；工作电流：小于10 mA；输出驱动电流：200 mA；温度范围：－25～70℃。

基本电参数说明如下：

1. 有效检测距离越大，接近开关的价格就越高，因此，应用中，如果安装和使用环境可以保证安装精度和基本位置尺寸稳定度时，1～5 mm的检测距离就完全可以满足控制需要，不必过于追求较大的检测距离参数，以致带来较高的成本。同时，由于检测灵敏度过高，也会在控制中引入干扰。

2. 响应频率和工作电压范围也对价格构成影响。工作电压为10～30 V的接近开关其性价比最高，使用最为普遍，可满足一般控制需求。对于响应频率，如果不进行高速计数采样，只作为一般位置信号的获取，一般大于或等于50 Hz即可。

3. 用于对微处理器控制装置提供输入控制信号的接近开关，由于其输出的目标大多是PLC或其他智能控制装置的输入，几个毫安就能满足需要，因此，一般不必对其输出电流指标有过高的要求，可以选择微功耗接近开关；对于直接作为开关使用且需要带一定负荷的，可根据所带负荷的大小进行合理选择。一般输出电流为200 mA左右的，其性价比最高。

§8—2　接近开关的安装与触发

接近开关安装时既要保证其必须牢固地安装在需要检测的位置，同时，为满足触发调节的需求，还要保证其要有两个坐标方向的调整范围。接近开关的外形一般分为圆形和方形两种，如图 8—2—1 所示为两种最为常见的接近开关外形示意图。

图 8—2—1　接近开关外形示意图

一、圆形接近开关的安装

如图 8—2—2 所示为圆形接近开关的安装示意图。

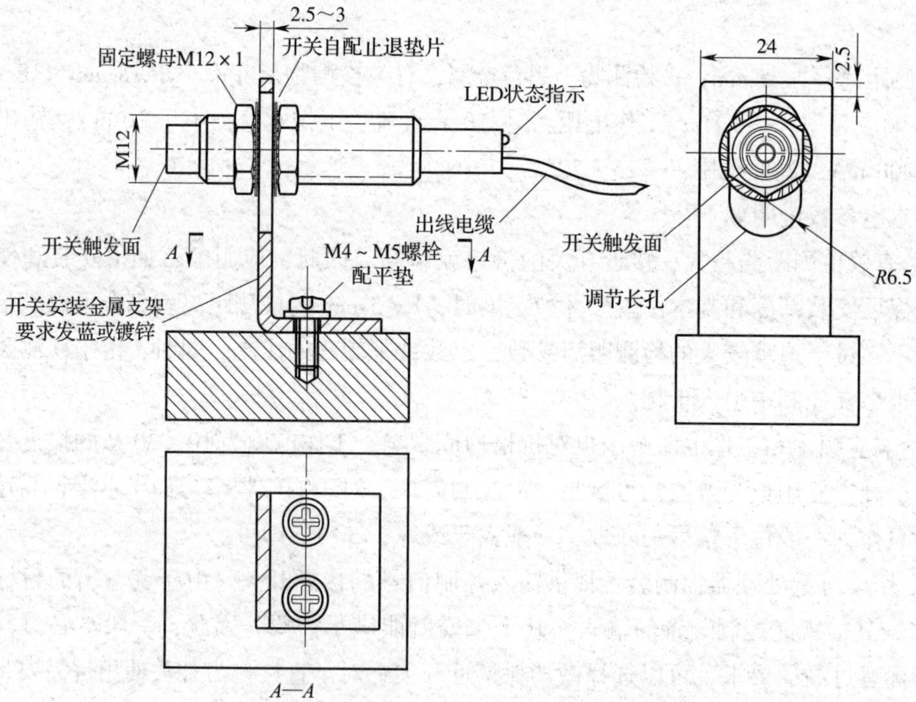

图 8—2—2　圆形接近开关的安装示意图

圆形接近开关其开关体外圆上都有外螺纹供安装固定和调节用，而且在结构上，最前端的触发有效端是没有螺纹的，这就从结构上避免了安装金属支架对触发端造成的误触发干扰。为避免干扰，安装时金属支架不可离开关的触发面太近。开关提供的外螺纹还可以用于调节接近开关水平方向的触发距离，因此，一般设计安装支架时只在接近开关的垂直方向留有长孔，用于垂直方向调节。

二、方形接近开关的安装

如图 8—2—3 所示为方形接近开关的安装示意图。

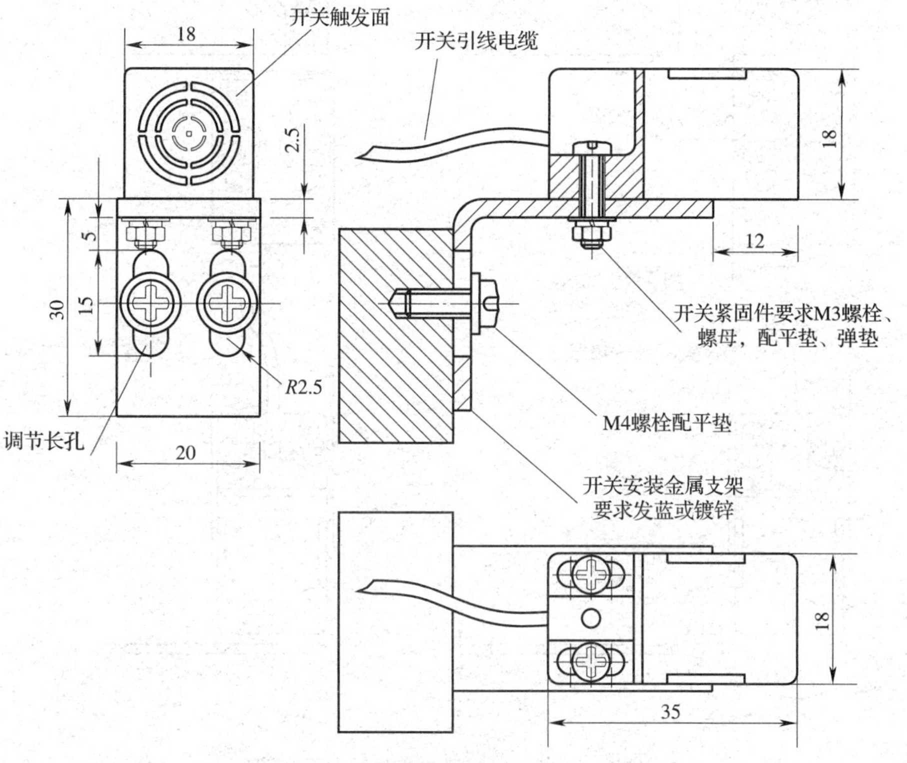

图 8—2—3　方形接近开关的安装示意图

方形接近开关本身的安装固定孔设计为长孔结构，可以在水平方向有一定的调节范围，为满足垂直方向的调节，支架设计时应考虑垂直方向的调节长孔。为了防止支架对接近开关触发面的误触发干扰，一般要求接近开关的触发面与固定支架之间要有一定的防护距离，一般控制在 10 ~ 15 mm。

三、接近开关的触发

接近开关的触发一定要选择最佳触发材质，例如，电感型接近开关，触发材质以普通低碳钢最为有效。选用其他材质时，如不锈钢、铝、铜等金属，会使触发灵敏度降低，有时会造成控制失误。

接近开关触发时，只要求触发装置与接近开关在规定触发间距内，其有效部分超过接近开关中心线就能保证有效触发。可以利用安装方式中的调节长孔和开关本身的调节量，使触发最为稳定和有效。一旦调试结束，调整部位的螺栓必须可靠紧固。接近开关有效触发示意图如图 8—2—4 所示。

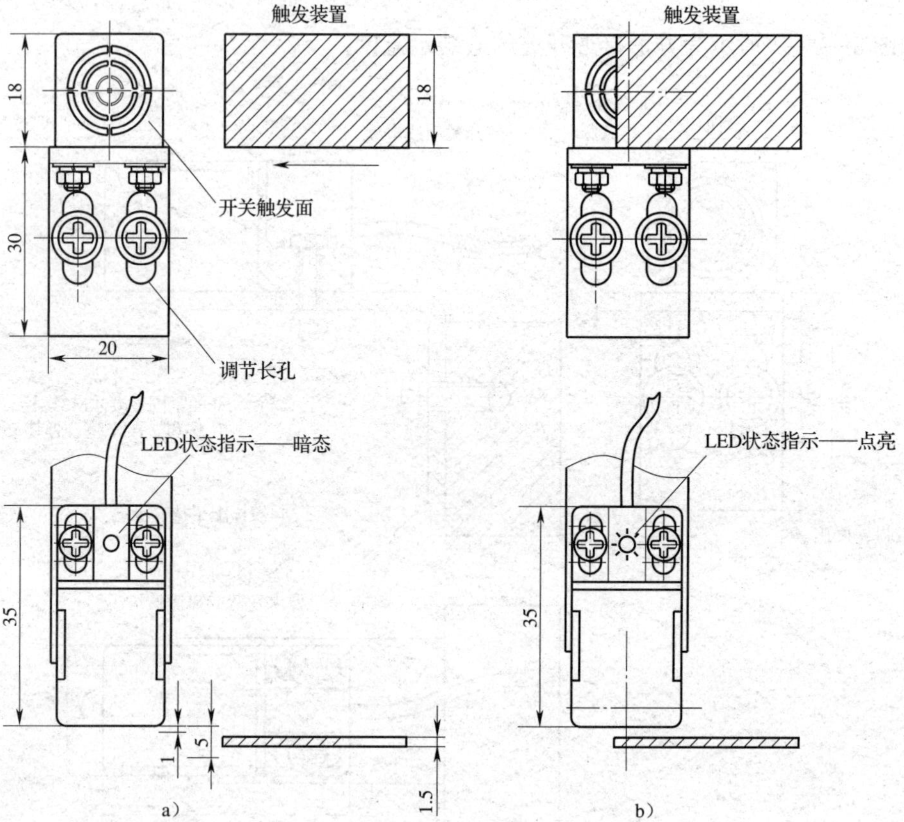

图 8—2—4　接近开关有效触发示意图

a）准备触发　b）触发有效

实训

圆形接近开关传感器的安装与接线并进行开关的触发实验

实训目的

1. 掌握圆形 NPN 型接近开关传感器的固定装配。

2. 掌握 NPN 型接近开关传感器用于三菱 FX 系列 PLC 输入端的接线，并测试触发条件。

实训内容

参考如图 8—2—2 所示的圆形接近开关安装示意图和相关零件图（图 8—2—5 ~ 图 8—2—7）完成圆形接近开关的安装。

1. 安装接近开关支架。

2. 安装并固定接近开关，完成试触发。

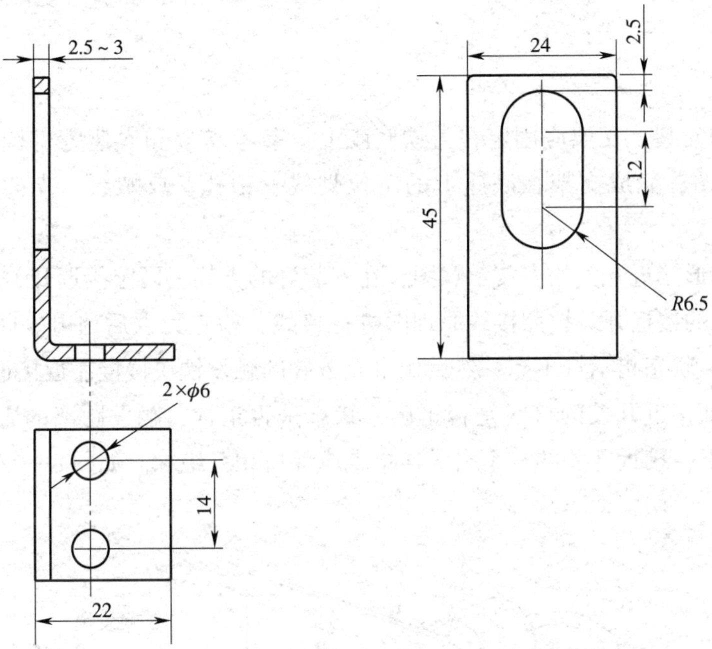

图 8—2—5 接近开关安装支架零件图

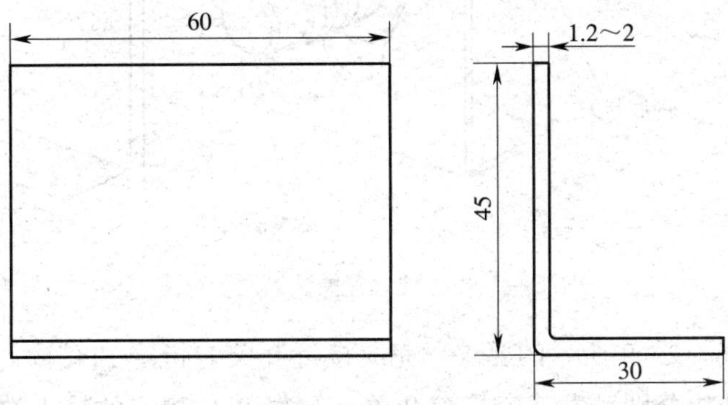

图 8—2—6 接近开关触发块零件图

3. 进行接近开关与指定 PLC 输入端的输入接线和接近开关与 PLC 通电状态下的联机触发实验。

实训设备与工具

三菱 FX 系列最低点数 PLC（1 台）；圆形 NPN 型接近开关（1～3 只）；低碳钢圆形接近开关支架（1～3 只）；铸铁支架底座（1～3 只）；低碳钢触发用铁块（1 只）；电工工具（1 套）；24 V 直流电源（1 台）。

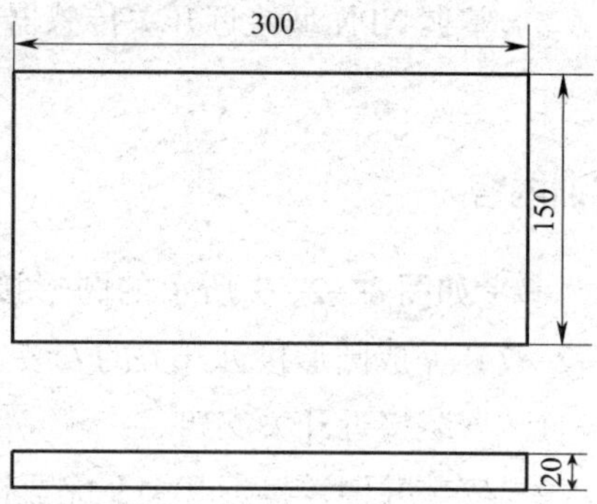

图 8—2—7　支架底座零件图

实训步骤

1. 支架的安装。支架应固定在铸铁底座上，参考支架和底座零件图以及圆形接近开关安装示意图，完成支架在底座上的定位划线、钻孔、攻螺纹、支架紧固安装等过程。

2. 参照圆形接近开关的安装示意图，在安装好的支架上固定接近开关。

3. 给装好的接近开关按照接线原理图进行接线，检查无误后通电。此时接近开关应处于等待状态，状态指示灯不亮。然后用事先备好的触发铁块慢慢靠近接近开关进行试触发，进一步验证接近开关的接线是否正确、状态是否正常、触发距离的影响及范围。注意，通电状态下，接近开关的三个引线连接点应保持相互绝缘。如图 8—2—8 所示为试触发示意图。

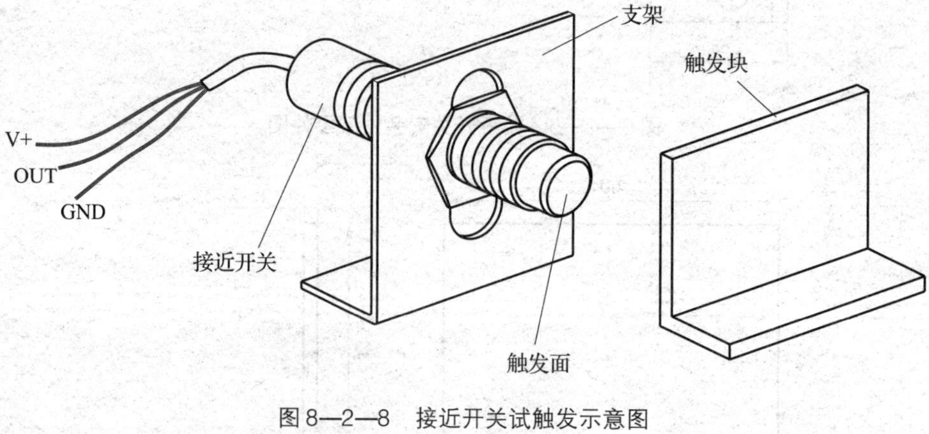

图 8—2—8　接近开关试触发示意图

4. 按照如图 8—2—9 所示的要求，完成接近开关与指定 PLC 输入端的连接，并通电实验。用触发铁块分别触发三个接近开关，观察 PLC 相应的输入端状态指示灯的变化。

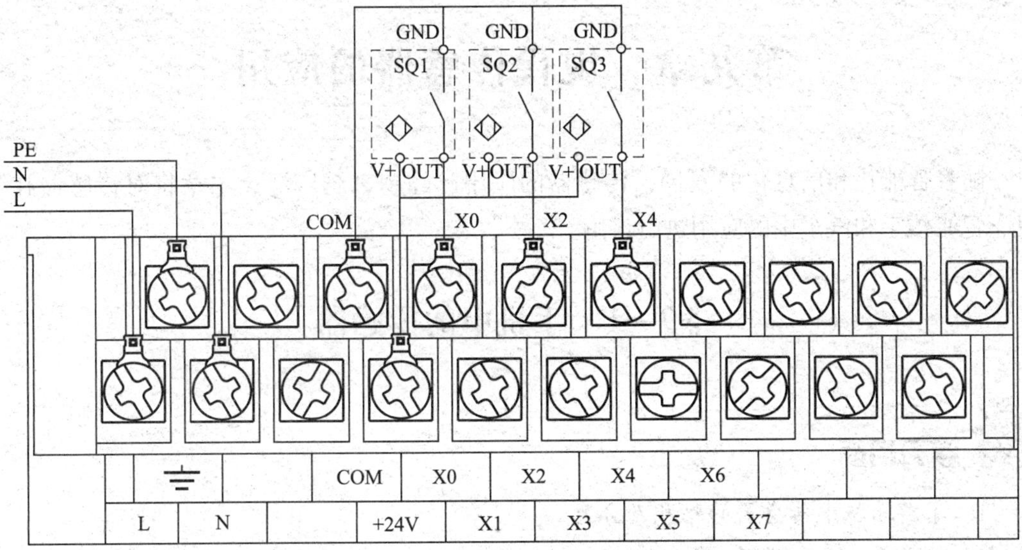

图 8—2—9　接近开关与 PLC 连接示意图

5. 根据实训过程写出本次实训的收获和感受。

第九章　现代传感器的应用

随着智能化和信息化的发展，传感器的应用已经越来越广泛，本章将对传感器在手机、智能楼宇和汽车中的应用进行讲解。

§9—1　手机中的传感器

学习目标

1. 了解手机中传感器的结构及分类。
2. 熟悉手机中传感器的特点和作用。

现代生产与生活中，人们已经离不开手机。手机作为一个移动终端，不仅是一种通信工具，更是一个集工作、学习、生活、娱乐于一体的智能移动终端平台。在手机实现智能化的过程中，会应用到多种传感器，本节将介绍目前手机中的传感器。

一、手机中的光学传感器

手机中的光学传感器主要包含摄像头、光线传感器及距离传感器，其中，摄像头主要用于拍照和摄像，光线传感器主要用于根据环境光照强度来调整屏幕的亮度，距离传感器主要用于侦测手机离各种外界实物的距离。

1. 手机摄像头

（1）手机摄像头的结构

手机摄像头作为实现手机拍摄功能的主要部件，其实物图如图 9—1—1 所示。

图 9—1—1　手机中的摄像头实物图

手机摄像头由 PCB 板、镜头、固定器和滤色片、DSP、传感器等部件组成，其结构示意图如图 9—1—2 所示。

其中，FPC（Flexible Printed Circuit）：可挠性印刷电路板；Sensor：图像传感器；IR：红外滤波片；Holder：基座；Lens：镜头。

（2）手机摄像头的分类

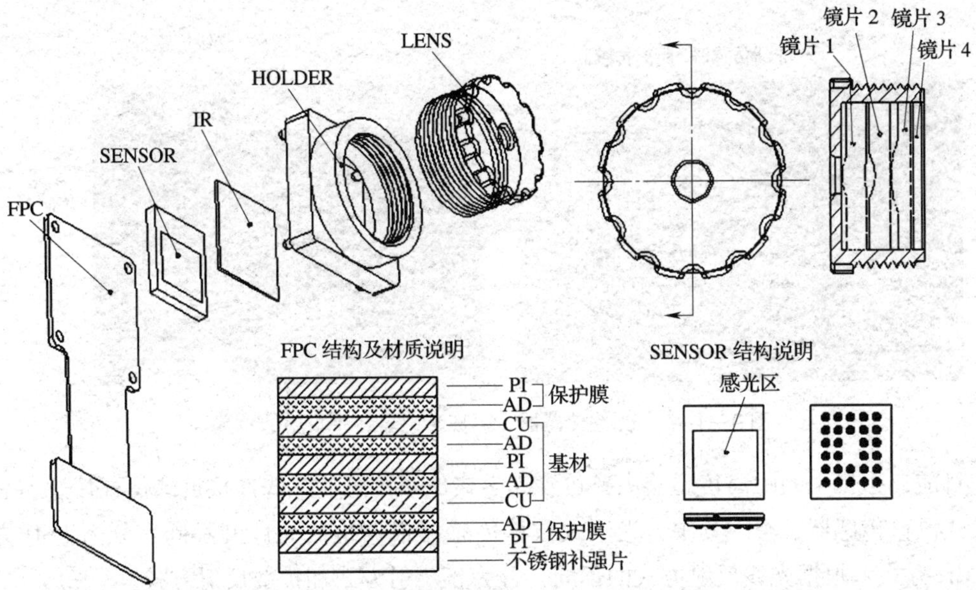

图 9—1—2　手机摄像头结构示意图

根据感光原理的不同，手机摄像头的感光元件主要分为两种，一种为 CCD 传感器，另一种为 CMOS 传感器。随着技术的发展，CMOS 先后出现了前照式 CMOS 传感器、背照式 CMOS 传感器及堆栈式 CMOS 传感器。目前主流应用的是堆栈式 CMOS 传感器。

根据输出信号的不同，手机摄像头又可分为数字摄像头和模拟摄像头两种。

手机摄像头的工作原理参见 CCD 图像传感器的成像原理。

2．手机中的光线传感器

光线传感器也叫作亮度感应器（Light－Sensor），很多平板电脑和手机都配备了该感应器，一般位于手机手持设备屏幕上方，它能根据手持设备目前所处的光线亮度自动调节屏幕亮度，给使用者带来最佳的视觉效果体验。例如，在黑暗的环境下，手持设备屏幕背光灯就会自动变暗，否则会很刺眼。2002 年，NOKIA 7650 手机最先开始使用光线传感器，到最新款的 iPhone 手机中也用到了光线传感器，其在手机中的使用给人们带来了许多便利。

在手机中使用的光线传感器件一般是光敏三极管（也叫光电三极管），光敏三极管有电流放大作用，所以比光敏电阻和光敏二极管应用更广泛。

3．手机中的距离传感器

手机中的距离传感器又叫位移传感器，一般位于手机听筒的两侧或者是在手机听筒凹槽中，如图 9—1—3 所示。当用户在接听或拨打电话时，将手机靠近头部，距离传感器可以测出手机与人头部之间的距离，当距离小于一定值后便关闭屏幕，手机拿开时再度点亮屏幕，这样可以防止用户在打电话时误动作，同时也可节省电量。

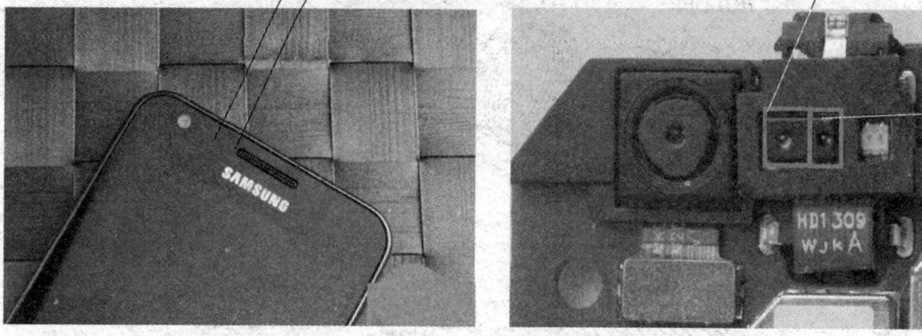

图 9—1—3　光线传感器、距离传感器在手机中的位置

目前，手机中的距离传感器主要包含光学式位移传感器、线性接近式位移传感器和超声波式位移传感器 3 类。其中，光学式位移传感器根据检测元件的不同，分为 PSD 方式与 CCD 方式；根据光线反射方式的不同，分为正反射方式和扩散反射方式。

在手机中，光线传感器、距离传感器以及前置摄像头都集成到一个模块中，其结构如图 9—1—4 所示。

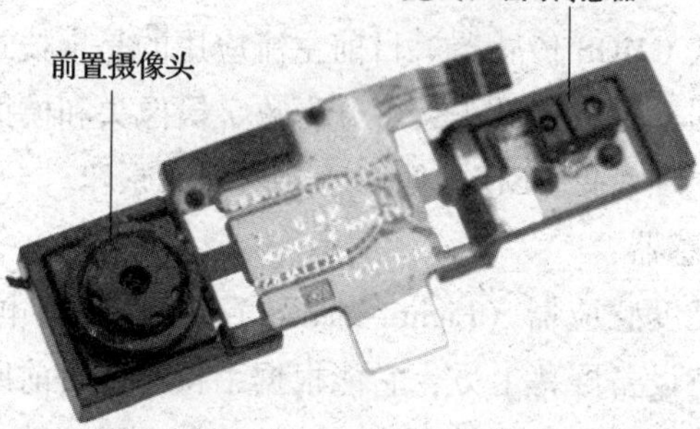

图 9—1—4　光线传感器、距离传感器及摄像头集成模块

二、手机中的开关传感器

在手机中开关传感器主要是霍尔传感器，其主要应用在翻盖或滑盖的控制电路中，通过翻盖或滑盖的动作来控制挂掉电话或接听电话、锁定键盘及解除键盘锁等。

在手机中，霍尔传感器的封装有 3 个引脚的，也有 4 个引脚的，如图 9—1—5 所示。

霍尔传感器分为线性型霍尔传感器和开关型霍尔传感器两种。

线性型霍尔传感器由霍尔元件、线性放大器和射极跟随器组成，它输出模拟量。开关型霍尔传感器由稳压器、霍尔元件、差分放大器、施密特触发器和输出级组成，它输出数字量。手机中使用的霍尔传感器是微功耗开关型霍尔传感器。

图 9—1—5　手机中霍尔传感器的外形

a) 3 个引脚　b) 4 个引脚

三、手机中的电场传感器

在手机中使用的电场传感器即触摸屏，又称为触控面板，触摸屏的使用使人机交互更加方便和直观，增加了人机交流的乐趣；减少了手机菜单按键，操作更加简单、便捷。

在手机中使用的触摸屏分为两类，一类是电阻式触摸屏（国产大部分手机采用）；另一类是电容式触摸屏（iPhone 手机等采用）。

1. 电阻式触摸屏

电阻式触摸屏是一种传感器，它将矩形区域中触摸点（X，Y）的物理位置转换为代表 X 坐标和 Y 坐标的电压。很多 LCD 模块都采用了电阻式触摸屏，这种屏幕可以用四线、五线、七线或八线来产生屏幕偏置电压，同时读回触摸点的电压。

电阻式触摸屏主要由薄膜和玻璃组成，薄膜和玻璃相邻的一面上均涂有 ITO（纳米铟锡金属氧化物）涂层，ITO 具有很好的导电性和透明度。当触摸操作时，薄膜下层的 ITO 会接触到玻璃上层的 ITO，经由感应器件传出相应的电信号，经过转换电路送到处理器，通过运算转化为屏幕上的 X、Y 值，从而完成点选的动作，并呈现在屏幕上。

触摸屏包含上、下叠合的两个透明层，四线和八线触摸屏由两层具有相同表面电阻的透明阻性材料组成，五线和七线触摸屏由一个阻性层和一个导电层组成，通常还要用一种弹性材料来将两层隔开。如图 9—1—6 所示为电阻式触摸屏的结构示意图，如图 9—1—7 所示为电阻式触摸屏的结构剖析图。

2. 电容式触摸屏

电容式触摸屏是在玻璃表面贴上一层透明的特殊金属导电物质，当手指触摸在金属层上时，触点的电容会发生变化，使得与之相连的振荡器频率发生变化，通过测量频率变化可以确定触摸位置，从而获得信息。

如图 9—1—8 所示为 iPhone 手机的电容式触摸屏结构示意图，其屏幕面板和触摸屏合二为一，透光率高，使用寿命长，适合手机的超薄化设计，加上可以多点触摸，深受 iPhone 用户的喜爱。

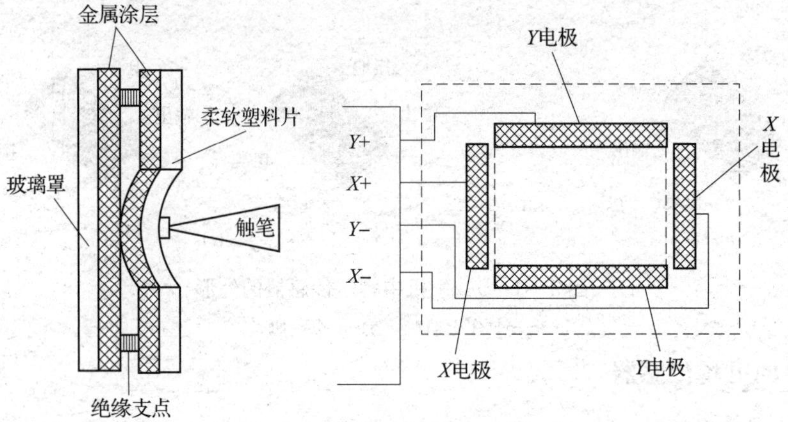

图 9—1—6　电阻式触摸屏的结构示意图

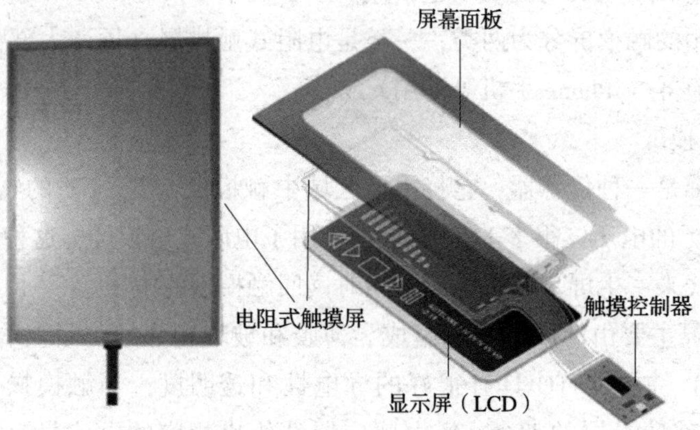

图 9—1—7　电阻式触摸屏的结构剖析图

电容式触摸屏的优缺点如下：

（1）优点

1）操作性好。电容式触摸屏支持多点触控，操作更加直观、更具趣味性。电阻式触摸屏只支持单点触控。

2）不易误触。由于电容式触摸屏需要感应到人体的电流，只有人体才能对其进行操作，用其他物体触碰时并不会有所反应，所以基本避免了误触的不良结果。

3）耐用度高。与电阻式触摸屏相比，电容式触摸屏在防尘、防水、耐磨等方面有更好的表现。

（2）缺点

1）精度不高。由于技术原因，与电阻式触摸屏相比，电容式触摸屏的精度还有所欠缺，而且只能用手指进行输入，在小屏幕上还很难实现辨识比较复杂的手写输入。

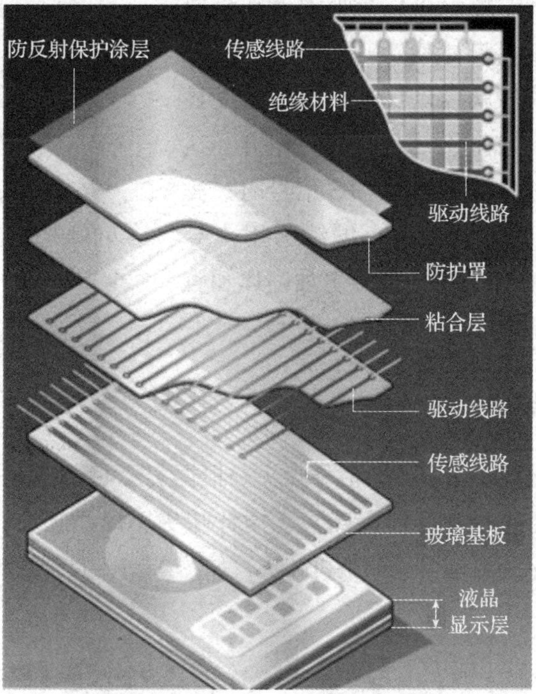

图 9—1—8　iPhone 手机的电容式触摸屏结构示意图

2）易受环境影响。温度和湿度等环境因素发生改变时，也会引起电容式触摸屏的不稳定甚至漂移。例如，用户在使用的同时将身体靠近屏幕就可能引起漂移，甚至在拥挤的人群中操作也会引起漂移。这主要是由于电容式触摸屏技术的工作原理所致，虽然用户的手指距离屏幕更近，但屏幕附近还有很多体积远大于手指的电场同时作用，这样就会影响触摸位置的判断。

3）成本偏高。当前电容式触摸屏在触控板贴附到 LCD 面板的操作中还存在一定的技术困难，所以无形中也增加了电容式触摸屏的成本。

四、手机中的三轴陀螺仪

目前，手机中采用的三轴陀螺仪主要用于游戏操控，例如，有了三轴陀螺仪，在玩某些第一人称射击游戏时，可以完全摒弃以前通过方向按键来控制游戏的操控方式，只需要通过移动手机到相应的位置，即可达到改变方向的目的，使游戏体验更加真实，操作更加灵活。

三轴陀螺仪能同时测定 6 个方向的位置和移动轨迹并加速。单轴的只能测量一个方向的量（也就是一个系统需要三个陀螺仪），而三轴的一个就能替代三个单轴的，具有体积小、质量轻、结构简单、可靠性好等特点，是激光陀螺的发展趋势，其外形如图 9—1—9 所示。

手机中的内置三轴陀螺仪可以与加速器和指南针一起工作，实现六轴方向感应。一般来说，使用三轴陀螺仪后，导航软件就可以加入精准的速度显示，对于现有的 GPS 导航来说是个强大的冲击（这个功能可以让手机在进入隧道丢失 GPS 信号时，凭借陀螺仪感知的加速度方向和大小继续为用户导航）；同时，游戏方面的重力感应特性更加强悍和直观，游戏效果将大大提升。

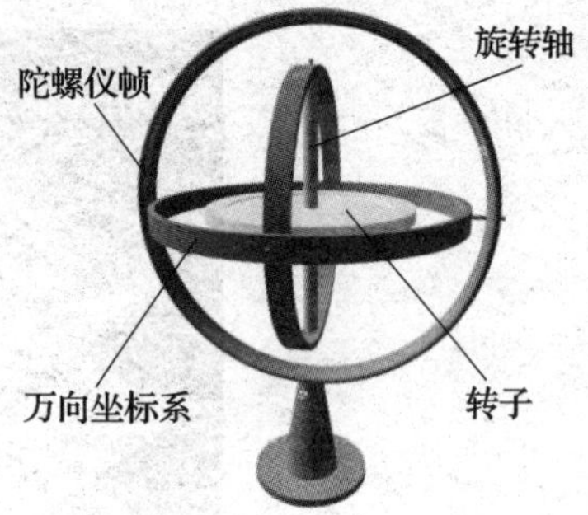

图 9—1—9　三轴陀螺仪

五、手机中的声学传感器

手机中的声学传感器即受话器，俗称咪头。根据实际使用环境的不同和装配结构的需要，目前，手机中常用的咪头有焊盘咪头、插针咪头、焊线咪头、数字咪头、贴片咪头等，如图 9—1—10 所示为目前常见的手机咪头，如图 9—1—11 所示为手机主板上的咪头。

图 9—1—10　常见的手机咪头

a）金色小四脚　b）金色小五脚　c）银色小四脚　d）金色大五脚　e）iPhone2 脚

f）NOKIA 四脚　g）多普达 S1　h）小米 2A　i）三星 9500

j）HTC 细四脚　k）圆形 1 号　l）圆形 2 号　m）圆形弹簧

n）圆形 2 针　o）2 线，长/短　p）八脚

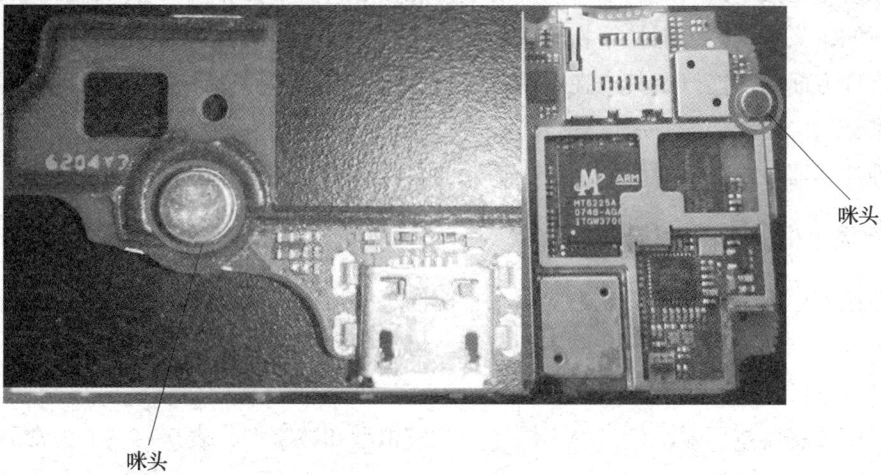

图 9—1—11 手机主板上的咪头

手机咪头有电感式和电容式两种。电感式咪头由线圈、永磁体、振膜组成。工作时振膜振动带动线圈在磁场下运动产生电流，实现声电转换。它是一种无源器件，和扬声器互为可逆器件（只是电路需求不同）。

电容式咪头也称为驻极体咪头（ECM），由驻极体和场效应管两部分组成，驻极体实际上是一个可变电容，工作时声音信号使得电容的极板振动，引起电容上电压的变化，经过场效应管的转换和放大变成电信号。

相对于电感式咪头而言，电容式咪头是一种有源器件，工作时必须要电路提供一定的工作电压。它的体积可以做得很小，所以广泛应用于手机电路。其结构示意图如图 9—1—12 所示。

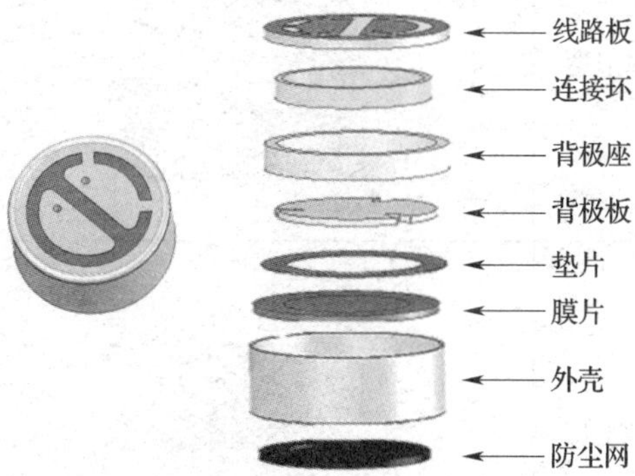

图 9—1—12 电容式咪头结构示意图

§9—2 智能楼宇中的传感器

学习目标

1. 了解和识别智能楼宇中传感器的结构和分类。
2. 熟悉智能楼宇中传感器的特点和作用。

智能楼宇是楼宇发展的高级阶段。对于智能楼宇，由于智能化技术的不断发展，至今仍无统一的定义。国际智能楼宇物研究机构一般结论是：“通过对建筑物的结构、系统、服务和管理方面的功能以及其内在联系，以最优化的设计，提供一个投资合理又拥有高效率的优雅舒适、便利快捷、高度安全的环境空间。”智能楼宇系统要实现智能化控制，离不开各种传感器，本节将对智能楼宇中运用的各种传感器进行介绍。

一、智能楼宇中的温湿度传感器

智能楼宇中的温湿度传感器主要用在智能楼宇的恒温控制系统中，用于检测楼宇的室内温度并调整空调的输出功率，以实现节能、恒温的目的。

1．温湿度传感器的分类

温湿度传感器按照输出信号的不同，分为模拟型和数字型，表 9—2—1 为常见的模拟型温湿度传感器实物图。

表 9—2—1　　常见的模拟型温湿度传感器实物图

型号	实物图	封装尺寸（mm）
W1 型		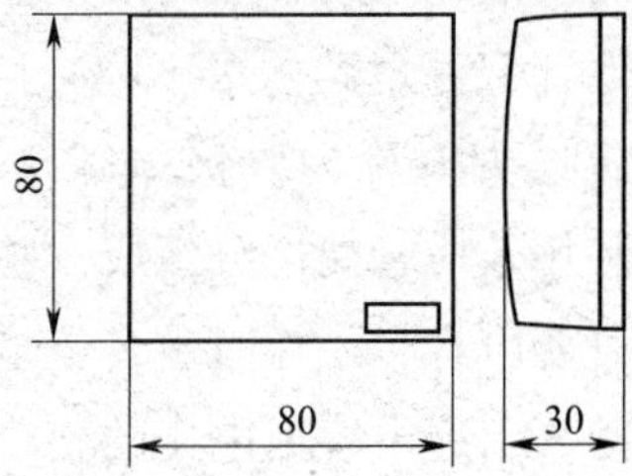
W2 型		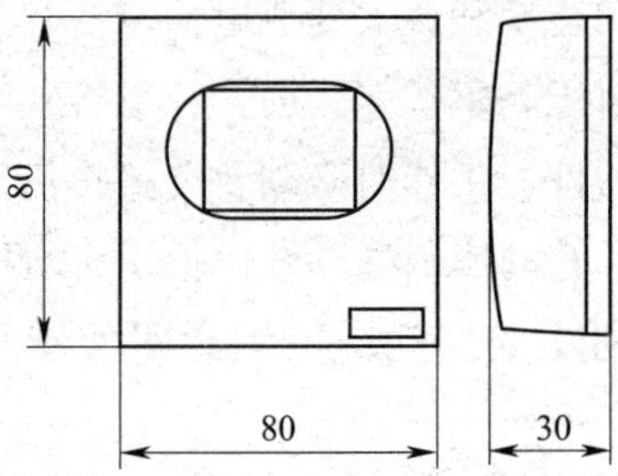
F 型	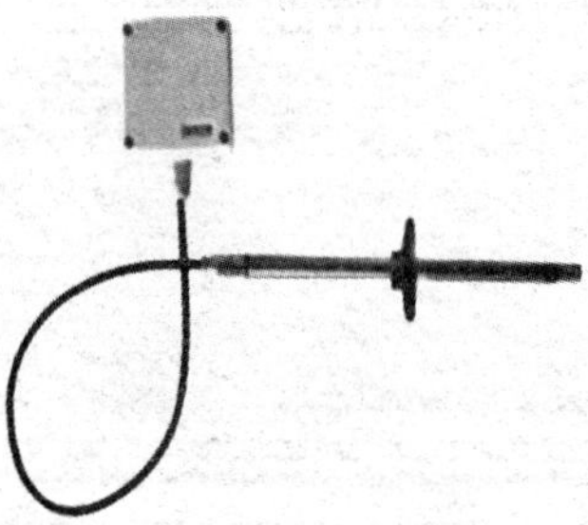	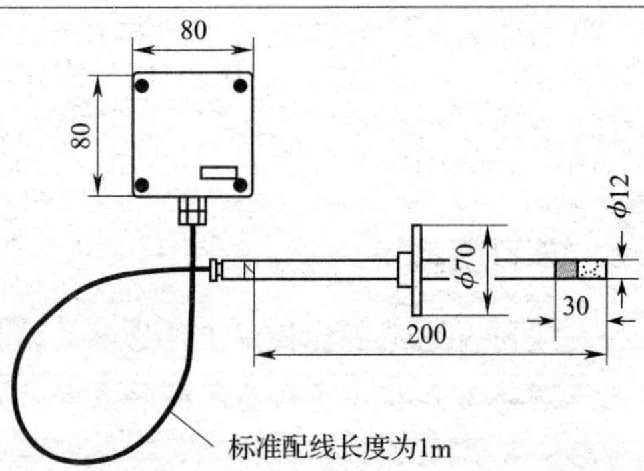

续表

型号	实物图	封装尺寸（mm）
D 型		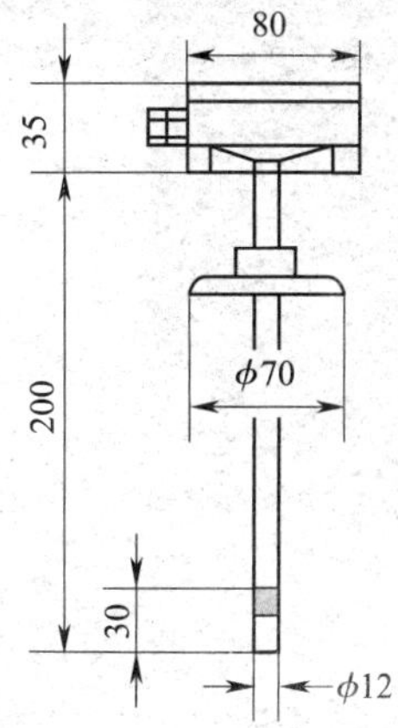

数字型温湿度传感器根据封装形式的不同，又有数显型、插针型及贴片型三种，其实物图如图 9—2—1 所示。

a）　　　　b）　　　　c）

图 9—2—1　数字型温湿度传感器实物图

a）数显型　b）插针型　c）贴片型

2．温湿度传感器的结构

（1）模拟型温湿度传感器的结构

模拟型室内温湿度传感器主要由塑料外壳、感应元件及转换电路板组成，其结构图如图 9—2—2 所示。

（2）数字型温湿度传感器的结构

数字型温湿度传感器内部包含温度和湿度传感元件以及相关的转换电路，其内部结构框图如图 9—2—3 所示。

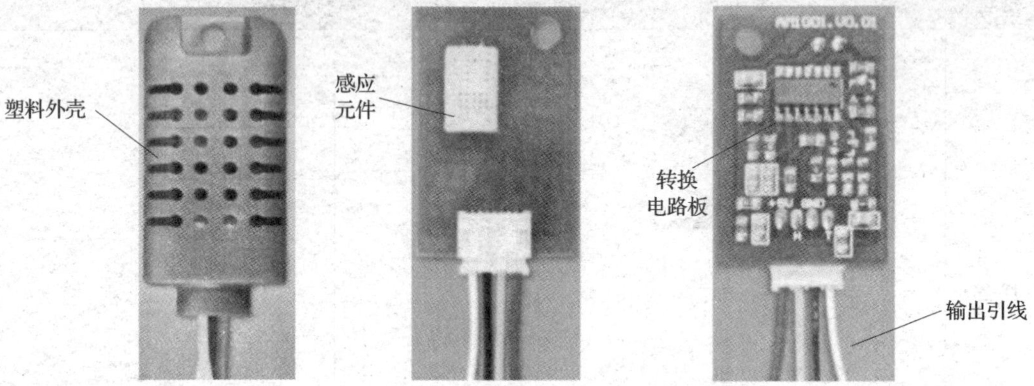

图 9—2—2　温湿度传感器结构图

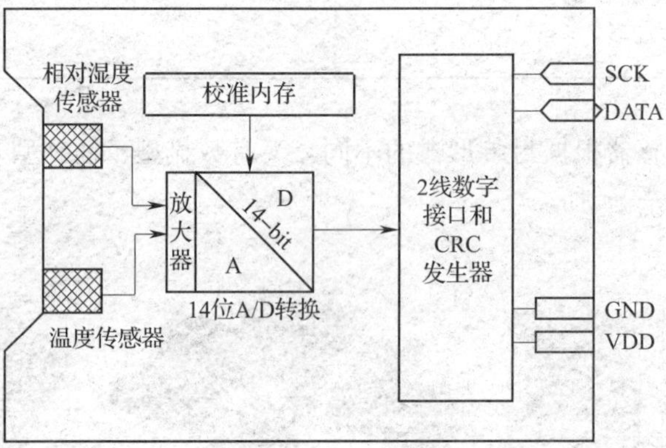

图 9—2—3　数字型温湿度传感器内部结构框图

二、智能楼宇安防系统中的传感器

智能楼宇安防系统中的传感器有很多种，这里主要介绍指纹识别传感器，虹膜识别传感器和监控摄像头 3 种。

1．指纹识别传感器

指纹识别传感器根据原理和材料的不同，目前市面上应用的主要有两类，即光学指纹传感器和半导体指纹传感器。其中，半导体指纹传感器又分为温差感应式指纹传感器、电容感应式指纹传感器和电感式指纹传感器。

智能楼宇门禁系统一般采用光学指纹传感器。

在智能楼宇中，光学指纹传感器已经实现模块化应用。如图 9—2—4 所示为某品牌的光学指纹传感器模块实物图。

图 9—2—4　光学指纹传感器模块实物图

光学指纹传感器内部包含光学传感元件、转换电路板等，如图 9—2—5 所示。

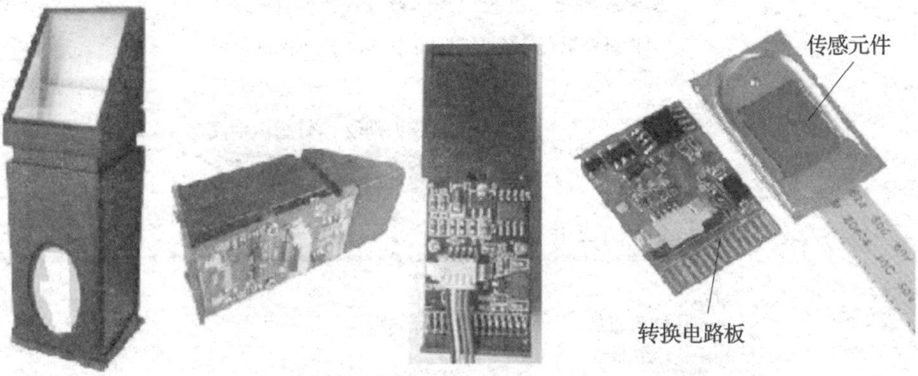

图 9—2—5　光学指纹传感器内部结构图

2．虹膜识别传感器

虹膜识别传感器是采用虹膜识别技术的一种传感器，由于其不易被复制和剽窃，目前已经逐渐用于各种安保系统中。在有些智能楼宇系统中也采用虹膜识别门禁，一般采用虹膜识别一体机来实现，如图 9—2—6 所示。

虹膜识别门禁系统可以自动探测 22 ~ 40 cm 距离范围内接近它的人，开启摄像机捕捉到人眼虹膜图像并实时显示在液晶屏幕上，这时虹膜图像被处理为一个虹膜编码模板，通过与设备内存储的虹膜模板数据库相比对实现对于访问者的身份确定。同时，虹膜认证管理软件利用加密的 TCP/IP 通讯将识别的结果反馈到中央服务器的管理数据库，当该访问者的访问权限得到确认后，门禁系统就立即得到允许进入指令，否则，该访问者将被禁入。如图 9—2—7 所示为虹膜识别系统的设计框架图。

3．监控摄像头

监控摄像头是智能楼宇安保系统不可或缺的一部分，主要用来实时监测和记录楼宇中的即时状况。如图 9—2—8 所示为目前常见的监控摄像头实物图。

a） b）

图 9—2—6 虹膜识别门禁系统及一体机

a）虹膜识别门禁系统 b）虹膜识别一体机

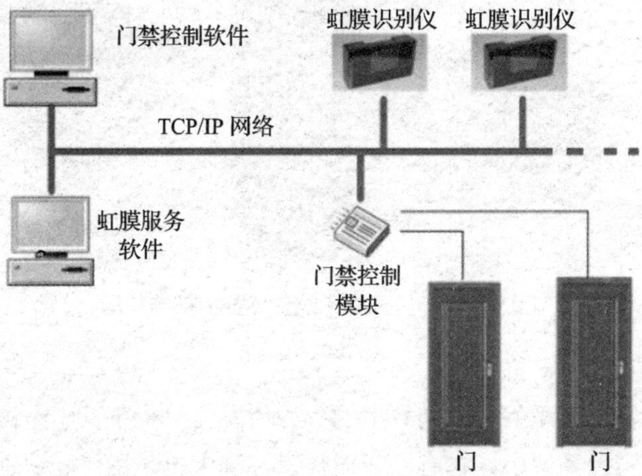

图 9—2—7 虹膜识别系统的设计框架图

监控摄像头主要由镜头与感光元件组成，感光元件位于镜头的后方。镜头是一个光学器件，完成对图像光学信号的捕捉；感光元件是一个光电转换器件，将光信号转化为电信号。如图 9—2—9 和图 9—2—10 所示为两种常见的监控摄像头内部结构图。

被摄物体反射光线传播到镜头，经镜头聚焦到 CCD 芯片上，CCD 根据光的强弱积聚相应的电荷，经周期性放电，产生表示一幅幅画面的电信号，经过滤波、放大处理，通过摄像头的输出端子输出一个标准的复合视频信号。这个标准的视频信号与家用的录像机、VCD 机、摄像机的视频输出是一样的，所以也可以录像或接到电视机上观看。如图 9—2—11 所示为监控摄像头的信号流向图。

图 9—2—8　常见的监控摄像头实物图

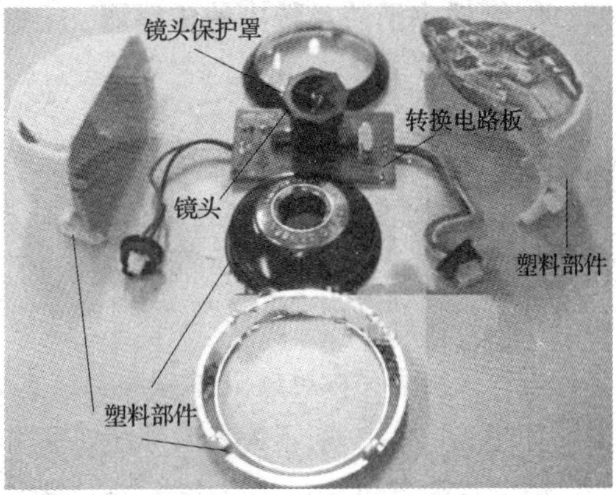

图 9—2—9　吸顶式球形监控摄像头的内部结构图

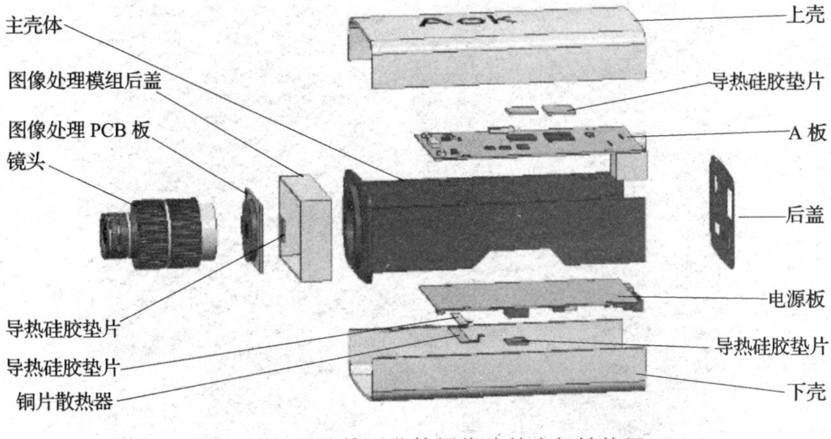

图 9—2—10　枪形监控摄像头的内部结构图

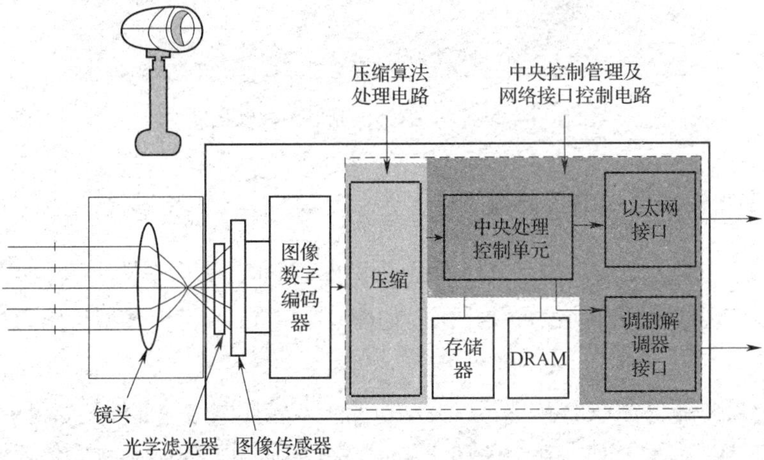

图 9—2—11　监控摄像头的信号流向图

三、智能楼宇消防系统中的传感器

1．烟火警报器

烟火警报器也叫烟雾感应器或火灾烟雾传感器，主要由两部分组成：一是用于检测烟雾的传感元件；二是声音非常响亮的电子扬声器，一旦发生危险可以及时提醒人们。具体内容参见“§7—2　烟雾传感器”。

2．燃气探测器

燃气探测器又称可燃气体探测器，它是一种对单一或多种可燃气体浓度响应的探测器。如图 9—2—12 所示为某型号燃气探测器内部结构图。

燃气探测器包含两部分功能，一是燃气浓度探测，二是报警，因此，其内部包含气体感应元件及其信号转换电路和报警电路。

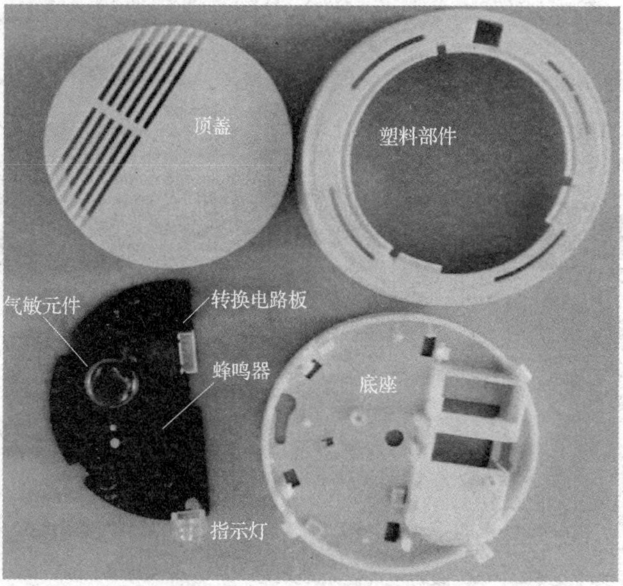

图 9—2—12　燃气探测器内部结构图

四、智能楼宇水控系统中的传感器

在智能楼宇中，为了实现楼宇自控的恒压供水及排水，大多在楼宇的水控系统中安装压力传感器，以实现楼宇的自动供水和排水。如图 9—2—13 所示为某型号压力传感器的实物图。

压力传感器内部包含 CCD 传感器、驱动电路板、转换电路等部件，如图 9—2—14 所示。

除本章所讲的传感器外，在智能楼宇中还有红外侦测、照明控制等传感器，由于篇幅的原因，不再详述。

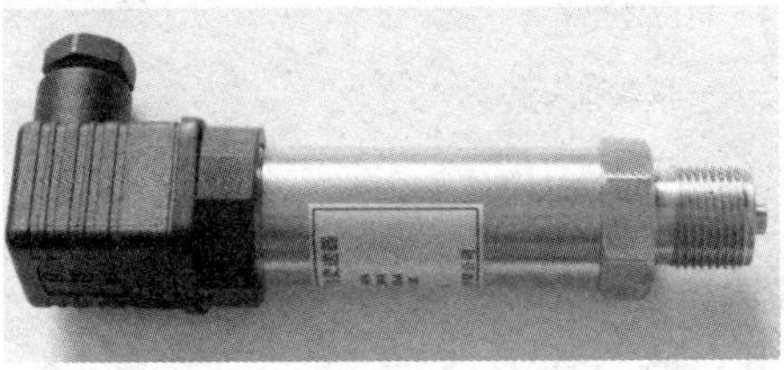

图 9—2—13　压力传感器实物图

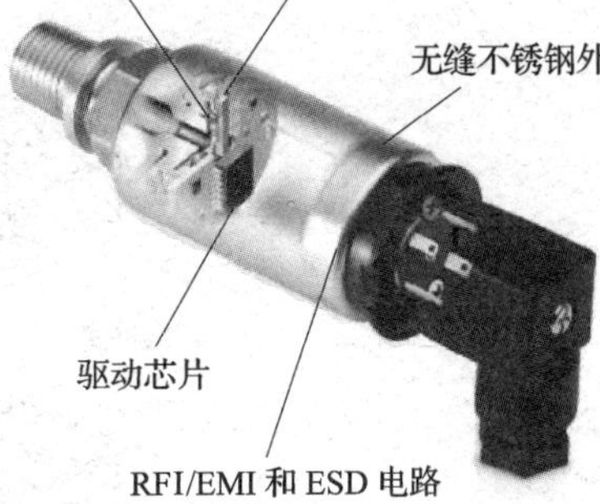

图 9—2—14　压力传感器内部结构图

§9—3　汽车中的传感器

学习目标

1. 了解和识别汽车中传感器的结构和分类。
2. 熟悉汽车中常用传感器的特点和作用。

车用传感器是促进汽车高档次、电子化、自动化发展的关键技术之一。目前，一般汽车装有几十到近百只传感器，而高级轿车大约使用二三百只传感器。汽车传感器把在复杂的工作条件下各类动态、静态的物理量变成电信号，是机电、化学结合体。本节将介绍汽车中常用的传感器。

一、空气流量计

空气流量计主要是将吸入气缸的空气量转换成电信号送至 ECU，从而决定发动机的基本喷油量。按照其结构形式的不同可以分为翼片式、热线式、热膜式和卡门旋涡式。如图 9—3—1 所示为空气流量计的实物图。

图 9—3—1　空气流量计实物图

翼片式空气流量计为体积流量型，主要由测量翼片、电位计、回位弹簧、补偿挡片和接线插头等组成，其结构示意图如图 9—3—2 所示。

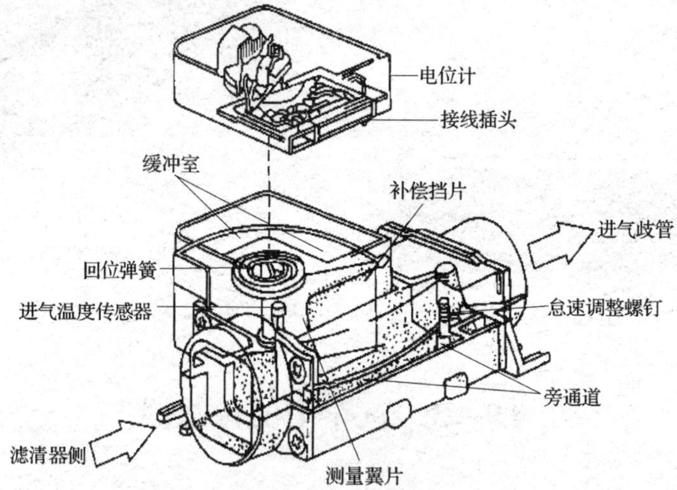

图 9—3—2　翼片式空气流量计结构示意图

二、温度传感器

温度传感器的作用是将发动机冷却液的温度转变为电信号输送到 ECU。发动机冷却液温度对可燃混合气的形成质量及浓度有较大影响。如图 9—3—3 所示是温度传感器的实物图。

温度传感器主要有绕线电阻式、热敏电阻式、扩散电阻式、半导体晶体管式和热电偶式等。最常见的温度传感器为热敏电阻式，安装在发动机冷却液管路上，其结构示意图如图 9—3—4 所示。

图 9—3—3　温度传感器实物图

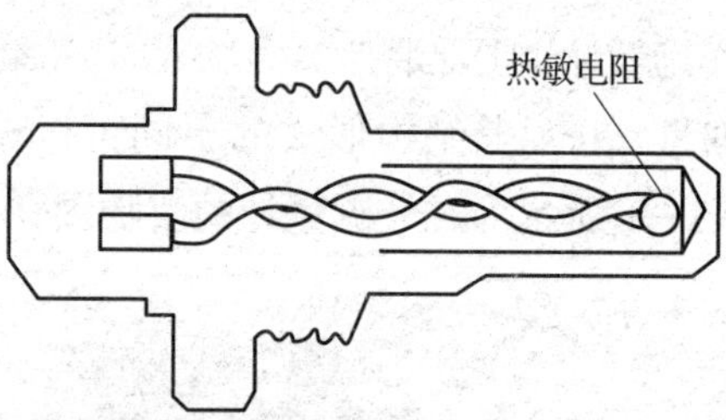

图 9—3—4　温度传感器结构示意图

三、曲轴与凸轮轴位置传感器

发动机电控燃油喷射系统常用的曲轴与凸轮轴位置传感器有霍尔式、磁感应式和光电式三种。凸轮轴位置传感器均为霍尔式。捷达 GT、GTX，桑塔纳 2000GSi 型轿车采用的曲轴位置传感器均为磁感应式；桑塔纳 2000GLi 型轿车和切诺基吉普车采用的曲轴位置传感器为霍尔式；三菱与猎豹吉普车采用的曲轴位置传感器为光电式。如图 9—3—5 所示为曲轴位置传感器的实物图。

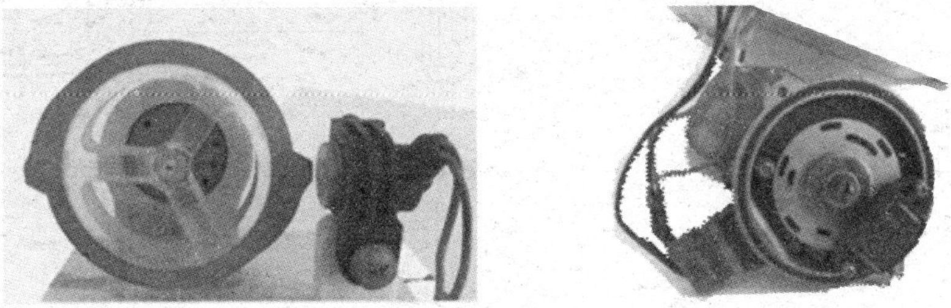

图 9—3—5　曲轴位置传感器实物图

1．磁感应式发动机曲轴与凸轮轴位置传感器

磁感应式发动机曲轴与凸轮轴位置传感器的结构示意图如图 9—3—6 所示，主要由永久磁铁、信号线圈、转子等组成。转子固定在分电器轴上，由发动机凸轮轴带动其旋转，信号线圈固定在分电器壳体上。

在实际应用中，常将发动机曲轴位置传感器与凸轮轴位置传感器一同装于分电器内，使用复合转子和耦合线圈。

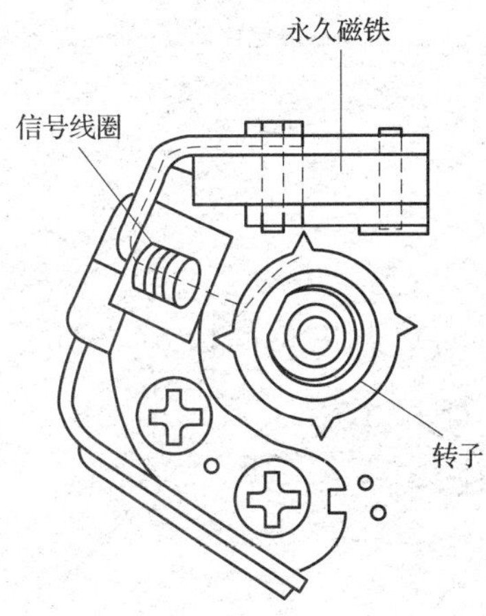

图 9—3—6　磁感应式发动机曲轴与凸轮轴位置传感器结构示意图

2．霍尔式发动机曲轴与凸轮轴位置传感器

霍尔式发动机曲轴与凸轮轴位置传感器的结构示意图如图 9—3—7 所示。霍尔传感器可装在分电器中，也可装于发动机飞轮附近。霍尔信号电压是借助于霍尔半导体元件在特定的条件下产生的。触发叶轮的叶片数等于发动机的气缸数，叶轮由分电器轴带动其旋转，叶片不断地进出磁场的空气隙。

3．光电式发动机曲轴与凸轮轴位置传感器

光电式发动机曲轴与凸轮轴位置传感器结构示意图如图 9—3—8 所示，主要由光源、光接收器、遮光盘和控制电路等组成，光源主要有白炽灯泡和发光二极管两种，光接收器主要有光敏二极管和光敏晶体管两种。

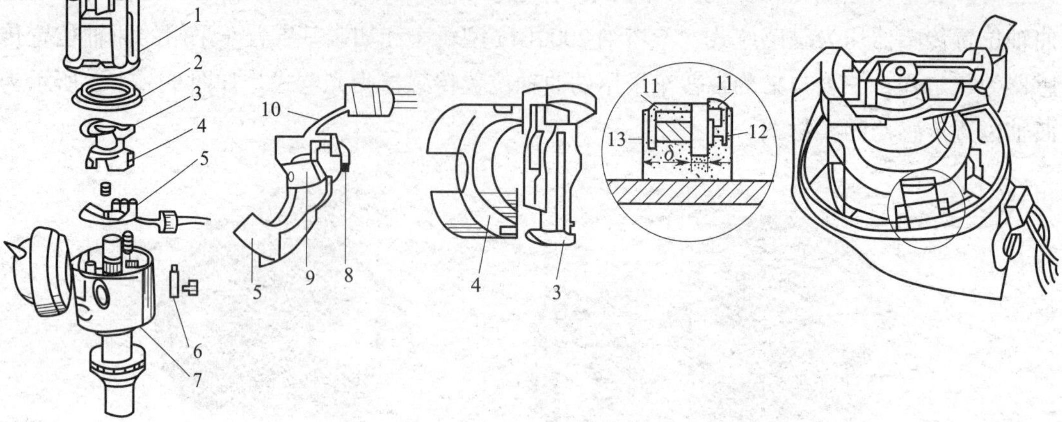

图 9—3—7　霍尔式发动机曲轴与凸轮轴位置传感器结构示意图

1—分电器盖；2—防尘罩；3、4—带触发叶轮的分电器转子；5—触发开关；6—固定板；
7—分电器外壳；8—半导体基片；9—带导板的磁铁；10—专用插座；11—导板；
12—半导体基片；13—磁铁；δ—空气隙

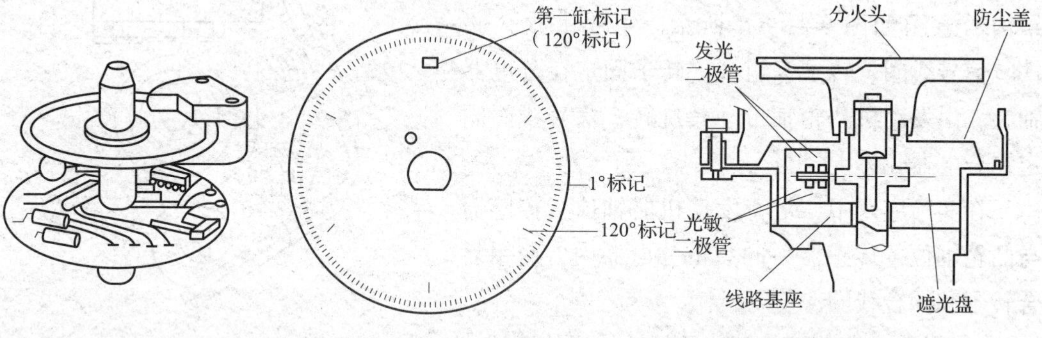

图 9—3—8　光电式发动机曲轴与凸轮轴位置传感器
a）外形　b）遮光盘　c）结构示意图

四、氧传感器

汽车上应用的氧传感器有氧化锆式和氧化钛式两种。常见的氧传感器又有单引线、双引线和三引线之分，单引线的为氧化锆式，双引线的为氧化钛式，三引线的为加热型氧化锆式。如图 9—3—9 所示是氧传感器的实物图。

氧传感器实质上是根据大气与排气中氧浓度之差而产生电动势的一种电池，其结构示意图如图 9—3—10 所示，主要由壳体、陶瓷电解质和弹簧等组成。

五、倒车雷达

倒车雷达是汽车泊车或者倒车时的安全辅助装置，由超声波传感器（俗称探头）、控

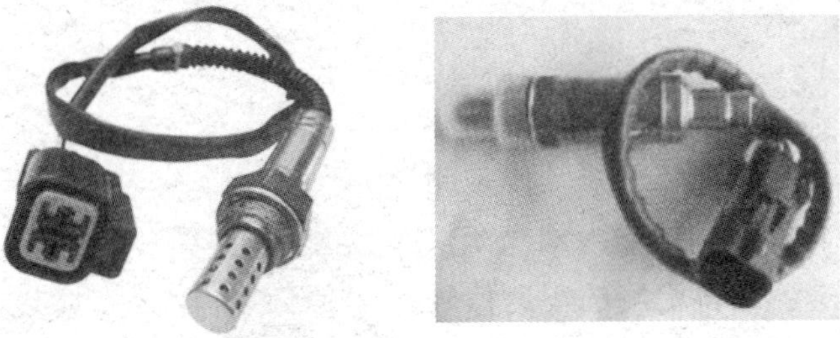

图 9—3—9　氧传感器实物图

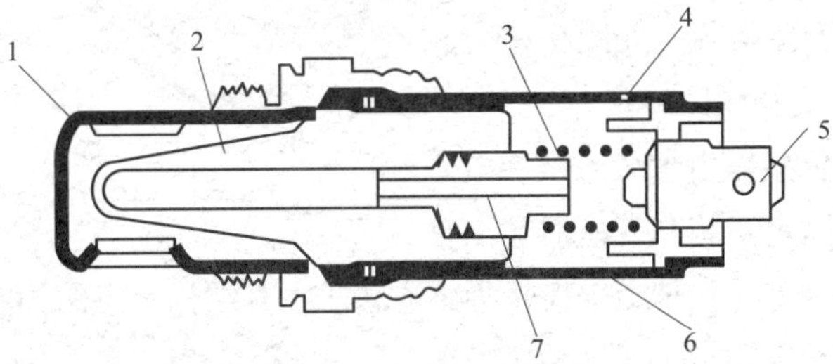

图 9—3—10　氧传感器的结构

1—壳体；2—陶瓷电解质；3—弹簧；4—通气孔；5—电源插头；

6—保护盖；7—接触衬套

制器和显示器（或蜂鸣器）等部分组成。它能以声音或者更为直观的显示告知驾驶员周围障碍物的情况，解除了驾驶员泊车和倒车时前后左右探视所引起的困扰，并帮助驾驶员扫除视野死角和视线模糊的缺陷，提高了驾驶的安全性。

汽车倒车雷达系统外形图及结构示意图如图 9—3—11 所示。

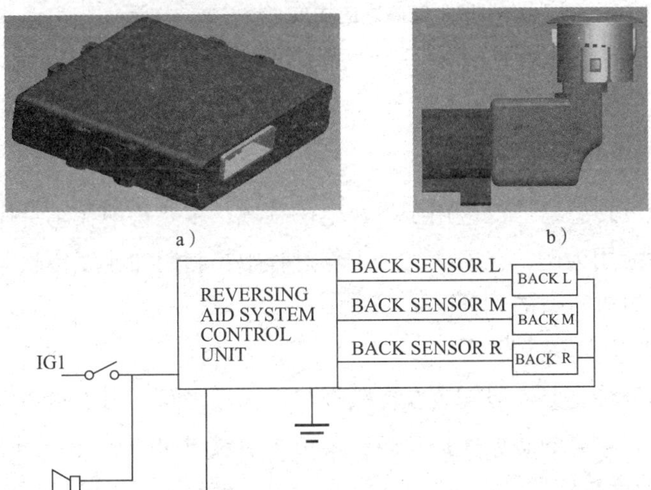

图 9—3—11　汽车倒车雷达系统外形图及结构示意图

a）接收器外形图　b）传感器芯外形图　c）倒车雷达系统结构示意图

六、车速传感器

车速传感器用于在汽车仪表系统中检测汽车行驶速度，并将检测结果输入到汽车仪表系统用于显示车速；或将检测的车速信号输入到需要车速信号的汽车控制系统 ECU。车速传感器可分为舌簧开关式、电磁感应式、光电式、霍尔式、可变磁阻式。如图 9—3—12 所示是车速传感器的实物图。

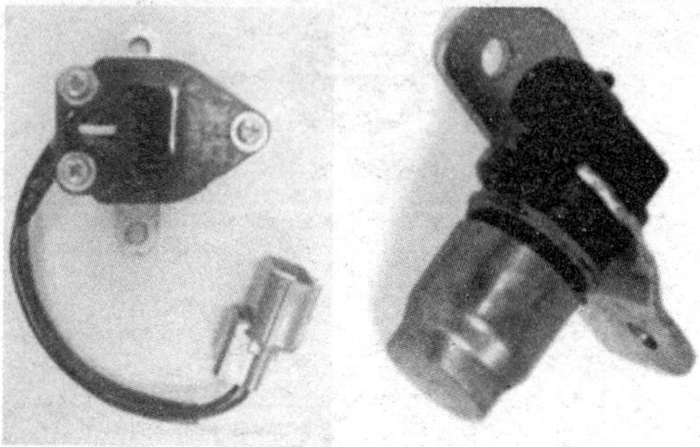

图 9—3—12　车速传感器实物图

电磁感应式车速传感器由永久磁铁和电磁感应线圈组成，它被固定安装在变速器输出轴附近的壳体上，输出轴上的驻车锁定齿轮为感应转子，其结构示意图如图 9—3—13 所示。

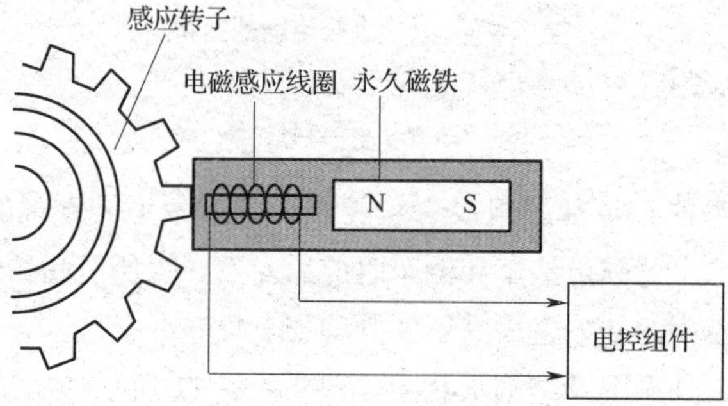

图 9—3—13　电磁感应式车速传感器结构示意图

1—感应转子；2—电磁感应线圈；3—永久磁铁

七、汽车车身加速度传感器

汽车车身加速度传感器广泛应用于汽车电子领域，主要集中在车身操控、安全系统和导航。以安全气囊应用为例，在安全气囊工作过程中，利用加速度传感器测量汽车行驶过程中的加速度就可以进行事故判断。

1. 偏心锤式加速度传感器

偏心锤式加速度传感器一般安装在保险杠与挡泥板之间，用来感知低速碰撞信号。传感器安装在一个密封填充的防振保护盒内，其结构示意图如图 9—3—14 所示。

2. 水银式加速度传感器

水银式加速度传感器的结构示意图如图 9—3—15 所示，它主要由水银和玻璃管组成，这种传感器主要应用在日产四驱汽车上。

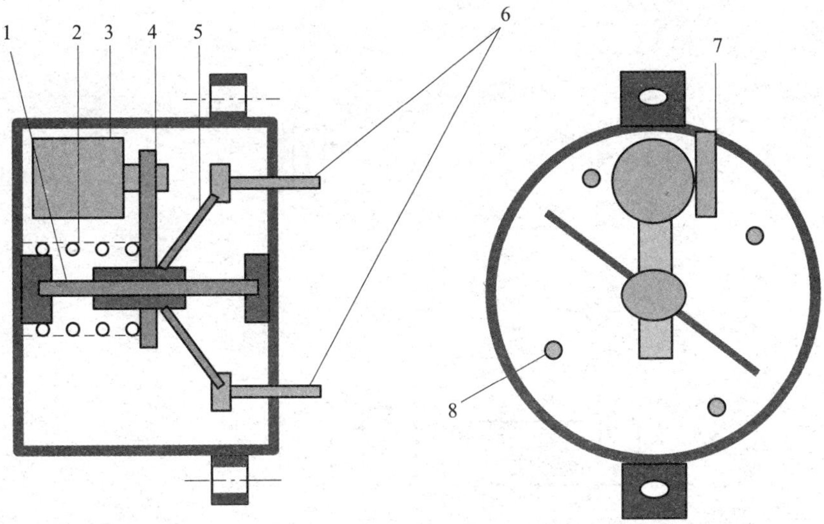

图 9—3—14　偏心锤式加速度传感器结构示意图

1—心轴；2—扭力弹簧；3—重锤；4—转盘；5—触桥；

6—插头；7—止位挡块；8—触头

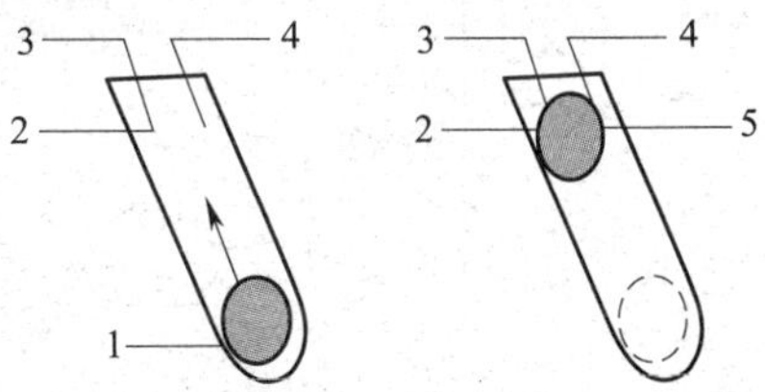

图 9—3—15　水银式加速度传感器结构示意图

1—水银（正常位置）；2—触头；3—接电源；

4—接电雷管；5—水银（碰撞位置）

当汽车制动且减速度比较小时，由于水银不移动，电路仍然保持闭合；对行车的前进方向来说，减速时在惯性力的作用下，水银会移动，当发生碰撞时，足够大的惯性力将水银抛上，接通气囊传爆管电路。

3．中央安全气囊传感器

中央安全气囊传感器装在中央控制器内，用来感知高速碰撞的信息，并将其输送到 CPU，引爆气囊传爆管，使气囊打开。同时，前碰撞传感器也引爆了预紧器的传爆管，即安全带预紧器和气囊同时起作用。有的前碰撞传感器有两对动、静触头，在低速碰撞时第一对触头闭合，引爆安全带预紧器；在高速碰撞时第二对触头闭合，安全带预紧器及气囊同时起作用。安全传感器的作用是增加可靠性。其电路原理图如图 9—3—16 所示。

4．半导体式加速度传感器

半导体式加速度传感器是由压电式加速度感应头、高精度电桥放大器、温度补偿电路、输出饱和控制、滤波器及输入/输出接口等构成，其工作流程框图如图 9—3—17 所示。

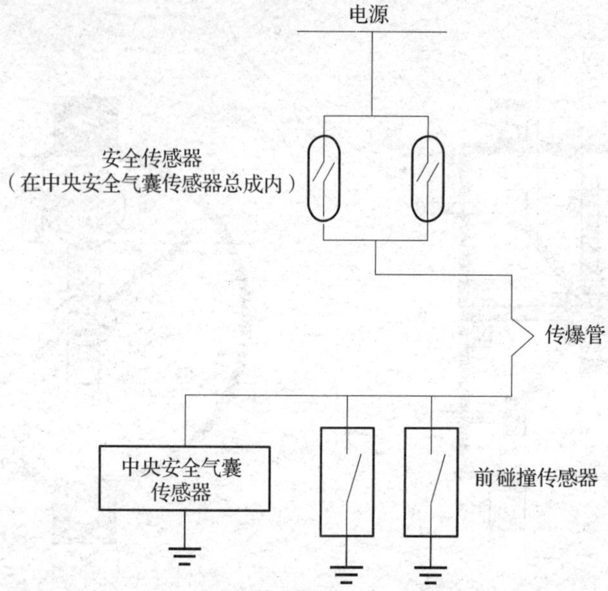

图 9—3—16　中央安全气囊传感器电路原理图

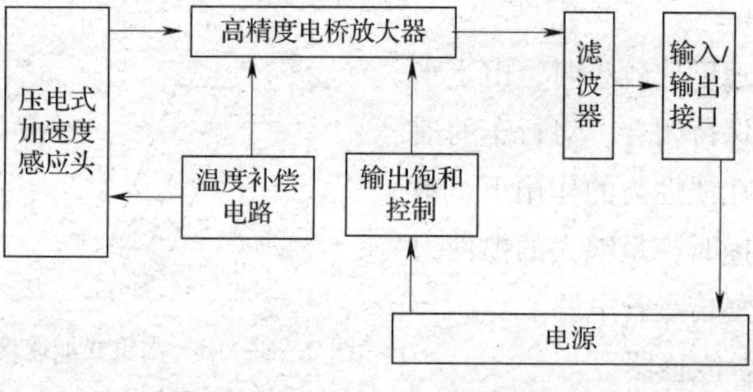

图 9—3—17　半导体式加速度传感器工作流程框图

敏感元件将测量点的加速度信号转换为相应的电信号，进入前置放大电路，经过信号处理电路改善信号的信噪比，再进行模/数转换得到数字信号，最后送入计算机进行数据存储和显示。